Stanislaw Przybyszewski

Zur Psychologie des Individuums

I. Chopin und Nietzsche

Stanislaw Przybyszewski

Zur Psychologie des Individuums
I. Chopin und Nietzsche

ISBN/EAN: 9783743694033

Hergestellt in Europa, USA, Kanada, Australien, Japan

Cover: Foto ©berggeist007 / pixelio.de

Weitere Bücher finden Sie auf **www.hansebooks.com**

Stanislaw Przybyszewski

Zur Psychologie des Individuums

I.
Chopin und Nietzsche

Berlin
Fontane & Co.
1906

Alle Rechte
besonders das der Übersetzung
vorbehalten

I

Wie sagt doch Zarathustra in seiner erhabenen Sternenweisheit?

„Ich lehre euch den Übermenschen. Der Mensch ist etwas, das überwunden werden soll. — Was habt ihr getan, um ihn zu überwinden?

Alle Wesen bisher schufen etwas über sich hinaus: und ihr wollt die Ebbe dieser großen Flut sein und lieber noch zum Tiere zurückgehen, als den Menschen überwinden?"

Es gibt nichts, das die Tragik des menschlichen Intellektes deutlicher offenbarte, als diese Worte.

Kant, der Gott die Existensberechtigung entzogen, erfand einen neuen Beweis für sein Dasein, Schopenhauer, der das Phantom der Willensfreiheit weggeblasen hatte, konnte nicht mehr die Verantwortlichkeit überwinden und schuf für sie in seinem „intellektuellen Gewissen" eine neue Stütze, und Nietzsche, der Freieste unter den Freien, er, der leichte Füße, fließenden Rhythmus und rasches Tempo lehrte, mußte sich den Übermenschen schaffen, als Beruhigung, Tröstung, eine Art Ruhekissen, auf dem er sein müdes, überhitztes Haupt niederlegen könnte.

Doch wie der Kliniker zwischen Wahn- und Zwangs-Vorstellungen unterscheidet und den ersteren Illusionen beizählt, die als reelle Empfindungen aufgenommen, den letzteren Wahngebilde, die als solche von dem Kranken erkannt werden, so ist auch hier dieselbe Unterscheidung vorzunehmen.

Kant und Schopenhauer begingen ihre Irrtümer mit vollster Überzeugung, sie glaubten nur strenge Konsequenzen zu ziehen, ob aber Nietzsche an das Phantom, das er in schweren Stunden der Verzweiflung geschaffen hatte, auch tatsächlich glaubte?

Ob er nicht dabei resignirt lächelte, und mit milder Selbstironie sich das vorrezitierte, was er einst über Erlösungsbedürfnis und den — Katholizismus der Gefühle schrieb?

Und das eben, was mich veranlaßt, Kant, Schopenhauer und Nietzsche zu sondern, ist es auch, was den Individualismus von gestern und den von heute unterscheidet.

Das Individuum*) des Altertums und des Mittelalters war eine machtvolle Persönlichkeit, voll überschäumender Kraft, die regelmäßig in Wahnsinn ausartete, voll unerschütterlichen, rücksichtslos fanatischen Glaubens, glühender Begeisterung und brutalen Orgiasmus: dieses Individuum war ein Raubtier, Delirant und Gott zugleich und diese Art von Individuen waren es, welche den Wahnsinn zum Ausgangspunkte aller religiösen und staatlichen Handlungen machten, sie waren es, welche vermöge ihrer dämonischen Suggestionsmacht die gewaltigen Massenpsychosen in Szene setzten: die Kreuzzüge, die Religionskämpfe und noch zuletzt die französische Revolution.

Mania und Glaube kennzeichnen diesen Individualismus.

Der Individualismus von heute hat außer demselben Ursprunge, dem intensen Willen zur Macht, nichts mit dem früheren gemein.

In einer Zeit, wo die Herdeninstinkte sich zu einem mächtigen Gefühl der Zusammengehörigkeit kondensiert haben, wo die Rechte eines jeden Menschen genau abgegrenzt sind, wo jede Machtäußerung als ein Übergriff an diesem

---

*) Um Mißverständnissen vorzubeugen, füge ich hinzu, daß das Individuum hier im sozialen Sinne gefaßt ist, etwa gleichbedeutend mit dem vagen und abgegriffenen Wort Genie.

Rechte empfunden und zurückgewiesen wird, wo alles, das über das Niveau des Althergebrachten, Gewöhnlichen, Alltäglichen hinausreicht, als schädlich und gemeingefährlich bekämpft werden muß, ist an die Machtentfaltung der herrschsüchtigen Instinkte, an den Auslös der tatengierigen Kräfte, an die Geltendmachung der über das Maß hinausgehenden Anlagen nicht zu denken.

Für das Individuum, das dermaßen organisiert ist, gibt es in der „Gesellschaft" keinen Platz.

Und weil ein solcher Mensch alles, was er am liebsten tun möchte, nicht tun darf, und da ihm für seine Gedanken und Taten die Zustimmung aller fehlt, so wird er zu einer Art Tschandala und Parias: er fängt an, sich als Individuum zu betrachten. —

Was das Individuum von heute auszeichnet, das ist das Gefühl des Über-den-Menschen-seins, das Gefühl, außerhalb der Marktinteressen der Menge zu stehen, das Gefühl über alle Gefühle: seine Instinkte verkümmern, die Quelle seiner Kräfte allmählich versiegen zu sehen — die Geschichte des Individuums wird zu einer traurigen Monographie von gehemmtem Willen und irrgeleiteten Instinkten, einer Geschichte vom langsamen Bergeinsturze, wo das Wasser, das keinen Abfluß gefunden hat, sich in die Tiefe niederschlägt, Gesteinsmassen auflöst, zersetzt, aussaugt und den Fels in seinem innersten Gefüge lockert.

Daher die Sehnsucht nach Befreiung und Erlösung, die gefährliche, flügelrauschende Sehnsucht nach dem Hinüber und Hinauf.

Doch diese Sehnsucht hat aber noch ein distinktes Merkmal: das Bewußtsein der Aussichtslosigkeit, das klare Bewußtsein, daß der ersehnte Gegenstand eine Zwangvorstellung ist.

In ihr spricht sich ein Geist aus, der mit der ätzenden Säure seiner Vernunft alles zerstört, der längst aufgehört hat, an sich selbst zu glauben und sich gegen seine Arbeit mißtrauisch und ablehnend verhält, ein Geist, welcher sich selbst untersucht, sich nicht mehr ernst nehmen kann und über sich selbst hinwegzulachen und auf seinem eignen Kopfe tanzen gelernt hat, der in dem höchsten Raffinement menschlicher Findigkeit unbefriedigte Geist, der endlich nach langem Suchen zu der trostlosen Erkenntnis gekommen ist, daß doch alles umsonst gewesen, daß er über sich selbst nicht hinauskommen kann.

Daher auch die Sucht nach dem Genusse. —

Doch dieser morbiden Genußsucht fehlt die unbefangene Freude an dem Genusse, der sich Selbstzweck ist, und der dem instinktiv empfundenen Überflusse an Kräften enströmt. Das Individuum von heute besitzt nicht solche Instinkte und daher ersetzte es die naive Freude an der Auslösung des Kräfteüberflusses mit dem Verlangen nach Betäubung. Das ganze Leben wird zu einer reinen Betäubungsfrage.

Die Morbidezza eines solchen Genusses, der in dem Sich-betäuben-wollen gipfelt, erklärt dann auch die Art zu genießen. In der schmerzhaften Anspannung der arbeitsunfähigen Nerven schwingt sich das Individuum-décadent bis zu jener geheimen Grenze hinauf, wo im menschlichen Leben Freude und Schmerz in einander übergehen, wo beide in ihren Extremen zu einer Art zerstörenden Lustgefühls, eines extatischen Außer- und Über-sich-seins werden. Alle Gedanken und Taten nehmen die Formen des Verwüstenden, Maniakalischen an und über allem ruht schwer, bedrückend etwas von der schwülen Athmospähre des nahenden Gewitters, etwas von den schmerzhaften Vibrationen der delirirenden Wollust einer Impotenz, etwas von der hektischen Röte einer Hysterie der Sinne.

Es ist ein klinisches Bild, das ich hier entworfen habe und einem solchen muß naturgemäß die physiologische Betrachtungsweise zu Grunde liegen.

Das Individuum ist in erster Instanz nichts als ein automatischer Oxydationsapparat, dessen ganzes intellektuelles Leben in erster Linie nur eine Einrichtung bedeutet, welche die vegetativen Lebensäußerungen psychisch umzuwerten und zu interpretieren, und so den Einzelnen vor dem Untergange schützt, indem sie ihm das Fördernde als Glücksgefühle, das Schädliche als Mißbehagen und Schmerz umdeutet.

Das psychische Leben aufgefaßt als vergeistigter Geschlechtstrieb, vergeistigte Magenvorgänge, vergeistigte Absonderungs- und Oxydationsprozesse vermag uns auch etwas über die biologische Stellung und Bedeutung des Individuums zu sagen.

Ich glaube hier eine These aufstellen zu können, die nicht weit an der Wahrheit vorbeischießen dürfte:

Je verfeinerter die Instrumente sind, welche die vegetativen Prozesse zum Bewußtsein bringen, je intensiver die Ausdrucksformen dieser Prozesse sowohl in der Freude wie im Schmerze, desto größere Aussichten besitzt das Individuum, sich zu erhalten, zu behaupten und so für das gedeihliche Fortkommen der Art zu sorgen.

In diesem Sinn ist das Individuum ein Arterhaltendes, Art-förderndes Agens, nur so ist es zu verstehen, weshalb es gerade das Individuum war, welches den gefährlichen Übergang vom Tiere zum Menschen einleitete, welches die nachrückende Masse organisierte und von welchem alle Gestaltungs- und Formungsprozesse ihren Ausgang nehmen.

Das Individuum ist der ewige Cirkulationsstrom voll ernährenden Plasmas, der in dem sonst bedeudungslosen Gewebe den Stoffwechsel, die Grundlage des organischen Wachstums, besorgt und es so funktionell brauchbar macht. — ein Fermenterreger, der in das indifferente Gemenge die Gährungsprozesse einleitet, der leitende Verbindungsfaden, den man in einem Embryo zwischen Nerven und Muskelzellen vermutet und an dem der Nervenfaden in einen ganz bestimmten Muskel hineinwächst. —

Daher auch das Pathologische solcher Erscheinung, aber nur im klinischen Sinne.

Nur im klinischen, im physiologischen ist eine solche Entwicklung die denkbar natürlichste.

Das Individuum besitzt eine Nervenmasse von einer ungeheuren Instabilität, einer enormen Zersetzbarkeit, infolgedessen auch das Maßlose der Empfindungsqualität.

Maßlos im Schmerz und maßlos in der Freude.

Diese intense Empfindungsweise ist es, welche das Individuum darauf anweist, allein und einsam zu sein.

Nicht das Individuum sondert sich ab, sondern es ist schon von vornherein abgesondert.

Es empfindet anders, als alle Menschen, es empfindet dort, wo andere Menschen nichts empfinden, und weil die Gehirne seiner Mitmenschen selbst nicht einmal dort in Mitschwingungen geraten, wo das Individuum sich in heftigster Vibration befindet, so ist es eben einsam und allein. —

Das Tieftragische im Individuum ist das Mißverhältnis, in welchem es zu seinen Mitmenschen steht. Aus diesem Mißverhältnis erklärt sich dann sein Menschenekel und Menschenhaß, sein Mißbehagen und seine Sehnsucht, seine Selbstflucht und seine Krankheit und an diesem Mißverhältnisse geht das Individuum zu Grunde.

Das aber muß ich betonen, daß die Notwendigkeit des Unterganges einer solchen Persönlichkeit nicht in den Verhältnissen liegt, nicht im Außen begründet ist, sondern im Individuum selbst, in seiner innersten Uranlage, in seiner hohen Entwickelung.

Was diese Art der Entwickelung charakterisiert, ist die enorme Anspannung sämtlicher Kräfte in jedem Momente, das ist das große Gehirn mit der Fähigkeit, das Gras wachsen zu sehen, das Unhörbare zu hören, sich in jedem Augenblicke an jeder Empfindung mit seinem ganzen Inhalte zu betätigen, das ist der synthetisierende Geist, der jedes Ding in seinen entlegensten Zusammenhängen, in seinen intimsten Ausstrahlungen zu erfassen und es so zur höchsten Potenz zu erheben vermag, das ist der andauernde intellectuelle Eretismus mit seinen kataleptischen Zuständen, seinen Autosuggestionen und Wahnvorstellungen.

Es ist klar, daß eine solche geistige Verfassung nur unter der Voraussetzung einer enormen Empfindungsintensität möglich ist: das Fatale an jeder wachsenden und gesteigerten Kultur ist das steigende Überhandnehmen der Schmerzgefühle, die dann als organische Räsonanz, den Verfall zur Folge haben: die Kultur geht an sich selber zu Grunde; und das Fatale am Individuum ist es eben, daß alle seine Gefühle mit Schmerzgefühlen innig vermengt und zersetzt sind, daß es fortwährend jenen physiologischen Rückschlägen ausgesetzt ist, die ein anderer sonst nur bei dem intensesten aller seiner Gefühle — dem Wollustgefühl — konstatieren kann, und die dann nur noch der Dichter nach jedem Schöpfungsakte an sich erfährt, — wie überhaupt der Dichter in dem Momente des Schaffens an diese extremste Potenzierung des Menschen, die ich hier ins Auge fasse, allein heranreicht. —

Und so hat jene Auffassung des Individuums als eines Art-erhaltenden und Art-fördernden Momentes in dem Entwicklungsleben der Menschheit eine Kehrseite: die tragische Auffassung seiner Persönlichkeit als eines Mittels.

In dem Leben des Individuums offenbart sich das grandiose Walten der Natur, die nur die Art im Auge behält und sich um das Individuum nicht kümmert, dasselbe Walten, welches in den Ameisen und Bienenstöcken das Weibchen castriert und es zu einer Sklavin macht, die als Arbeiterin für die Art sorgen muß, dasselbe Walten, welches in den niederen Tierarten das Männchen untergehen läßt, sobald das Weibchen befruchtet und somit für die Fortpflanzung der Art gesorgt hat, das Walten, welches das ganze Leben zu einer großen geschlechtlichen Funktion macht, zu einem Dungmaterial, auf welchem die Art gedeihlich emporschießen soll.

Das ist das große Martyrium des Individuums, daß es sein Leben für die Art opfern muß. —

Der doppelte Charakter in der Auffassung einer individuellen Persönlichkeit ist es, der mir bei Beurteilung der beiden ausgesprochensten Individualisten unseres Jahrhunderts, Chopin und Nietzsche, zum Ausgangspunkte dient und sie mir so innig verwandt erscheinen läßt.

II

Chopin ist ein Kreuzungsprodukt zweier Individuen, die verschiedenen Rassen und verschiedenen Kulturen angehörten, und dies eben war von vornherein für sein Wesen von bestimmender Bedeutung. Durch sein ganzes Wesen zieht sich eine scharfe Linie, welche die Aneinanderlagerung der Merkmale beider Rassen bezeichnet, ohne daß es jemals zu ihrer gegenseitigen Durchdringung oder Auflösung zu etwas Ganzem gekommen wäre. Das spezifisch-slavische in ihm, die subtile Feinheit des Gefühls, die leichte Erregbarkeit und die Fähigkeit, ohne irgend welche Vermittlung von einem Extrem ins andere überzuspringen, das Leidenschaftliche und Sinnliche, die Neigung zur Prunk- und Verschwendungssucht, und vor allem der eigenartige, melancholische Lyrismus, der nichts weiter ist, als der sublimierteste Egoismus, der alles auf sich bezieht und seine eignen Ich-zustände als den einzigen und höchsten Maßstab hinstellt, die dunkle Melancholie endloser Ebenen mit ihren sandigen, wüsten Strecken mit dem bleiernen Himmel darüber, trat in grellen

Widerspruch zu der gelenken, leichtsinnigen Beweglichkeit des Galliers, seinem coquetten Feminismus, seiner Lebenslust und Lichtfreude.

In diesem Zwiespalt lag schon der Keim, der nach und nach zu einem ausgedehnten Degenerationsherd wurde, von dem aus aufsteigend die Degeneration das eigentlich Zentrale in ihm, seine eigenste Uranlage, die starke Intensität des gesunden Empfindens, in Mitleidenschaft gezogen hatte.

Die Musik Chopins aus seinen letzten Jahren zeigt ein ausgesprochenes Merkmal der Schreckbildpsychose. —

Schon frühe, begünstigt durch das Milieu, in dem er aufgewachsen war, kam es zu der einseitigen Ausbildung der lyrischen Grundstimmung seines Wesens.

Die unbegrenzten, ermüdenden Formen der Landschaft, auf der leicht erregbare, zum Träumen veranlagte Menschen hinvegetieren, ihre Musik, die sich nur in wenigen Molltönen bewegt, und in deren Monotonie sich die Landschaft widerspiegelt, die düstere Pracht der Mondscheinnächte, welche den Landflächen den Charakter des Exotischen, ja beinahe Gespenstischen aufdrückt, alles dies wurde in dem Gehirne des Knaben, bei dem den Kindern eigenen Drange nach Personifikation und Symbolisierung verinhaltlicht. Um jede dieser so gewonnenen Formen gruppierten sich ganze

Massen von Stimmungen, Gefühlen, Willensäußerungen, die alsdann als ureigenster Bestandteil der Seele eine wichtige Formation derselben bilden, den Sedimentgesteinen vergleichbar, die in der paläozoischen Bildungsperiode der Erde sich aus dem Urmeere ablagerten und sich zur ersten bleibenden Schicht kondensiert hatten.

Diese melancholischen Eindrücke scheinen bei Chopin den barocentrischen Kernpunkt gebildet zu haben, um den alle später hinzukommenden zu oscillieren anfingen, sie sind es, die in die Seele eines jeden Menschen tief einschneiden, allen Empfindungen eine ganz spezifische Bedeutung und Farbe beilegen, sie in bestimmten Richtungen anordnen, gleichwie durch die magnetische Influenz die durcheinander gelagerten Eisenmoleküle geordnet und nach zwei Polen dirigiert werden.

Seine schwache Konstituation und alle die Krankheitskeime, die allmählich seinen Körper zerstörten, bilden vielleicht das stärkste dynamische Agens in dem Aufbau seines Wesens. All die kleinen und kleinsten Empfindungen des physischen Unbehagens setzten sich in seinem Gehirne, von dem Bewußtsein falsch interpretiert, in Gefühlswerte um, unlokalisierbare Gemeingefühle der Müdigkeit, Abspannung, träumerischen Hindüsterns und weicher Schwärmerei.

Diese minimalen Reize, die zu gering waren,

um einen wohl differenzierten physischen Schmerz hervorzurufen, haben doch nach und nach jene fatale Spannung seines Gehirns erzeugt, derjenigen einer Gasmasse ähnlich, die auch nur aus den zahllosen minimalen Anstoßen der hin- und herfliegenden Molekeln sich summiert, um allmählich zur höchsten kinetischen Energie anzuwachsen.

Die ungesunde Kultur, mit der alle Verhältnisse, in denen er lebte, durchtränkt und durchsättigt waren, die landschaftliche Umgebung und seine frühesten Eindrücke, Vererbung und Krankheitskeime haben in ihm allmählich jene Sehnsucht gezeitigt, die sich wie ein Niederschlag in seinem Gehirne festsetzte, durch den jedes Gefühl erst hindurchfiltriert werden mußte und von dem es einen eigenen Ton, einen eigentümlichen Beigeschmack erhielt. Bei der ihm eigenen Leidenschaftlichkeit bildete diese Sehnsucht gleichsam ein Meer von strahlender Wärme, die alles in ihm zersetzte und auflöste, einen Herd vom verzehrenden Saugstoff, der alles absorbierte: in seiner Seele wurde alles zur Sehnsucht.

Doch diese Sehnsucht Chopins hat nichts gemein mit der, die gesunden Naturen das Herz schwellt und lebensfähige Keime in dem trächtigen Mutterschoß trägt, es ist auch nicht die Sehnsucht des Zarathustra, die in sonnetrunkener Entzückung unbekannten Göttern ihr extatisches

Rausch-Evohe zujauchzt — sie ist ganz eigener Art. Sie hat die kranke Farbe der Anämie mit der transparenten Haut, durch die man das feinste Geäder hindurchschimmern sieht, die schlanke Gestalt mit den länglichen Gliedern, die in jeder Bewegung die unnachahmliche Grazie degenerierter Adelsgeschlechter atmen und in den Augen die übergroße Intelligenz, wie man sie bei Kindern sieht, denen der Volksmund kein langes Leben verspricht.

Sie ist die zitternde Nervosität der Überfeinen, eine beständige, schmerzhafte Erregbarkeit bloßgelegter Wunden, ewiges Anschwemmen und Zurückfluten einer krankhaften Sensibilität, ein stetes Unbefriedigtsein des Raffinement, die Müdigkeit der Überempfindlichen, in deren Auge das Sonnenlicht nur prismatisch gebrochen und die starken satten Farben erst gleichmäßig abgetönt hineingelangen können.

Sie ist aber auch wilde Leidenschaft, sie ist Krampf und Agonie der Todesangst, Selbstflucht und Zerfallsdrang, Delirium und idiotisches Hinträumen, wo man vor sich hinstarrt, ohne irgend etwas zu sehen. Wohl werden Lichteindrücke empfangen, aber man erkennt sie nicht als von außen kommend, man muß sich erst besinnen, was heute, was gestern ist.

Die Krankheit Chopins hat sich in seiner Musik umgesetzt in eine grenzenlose Müdigkeit. Es ist die

Müdigkeit der Schwindsucht mit ewig wechselnden Stimmungen, die wie stille Herbstwinde über nackte öde Felder streichen, dürres Laub vor sich fegen und die Natur mit düsteren, monotonen Mollakkorden zu Grabe tragen. Es ist die Müdigkeit des lustsatten Wehs mit dem feinen trüben Lächeln um die Mundwinkeln, der trostlos öden Langeweile sonnverbrannter Grassteppen, dem leisen Hin- und Herwogen endloser Meere, die sinnende, brütende Idiotie des Gebetes. —

Es gibt dann in der Musik Chopins eine Stimmung von geradezu überwältigender Wirkung. —

Es ist ein „je ne sais quoi" vom Gefühl, das dem einer Befreiung ähnlich ist, einem tiefen Aufatmen nach der Dyspnoe, es ist als ob sich eine feine, spinngewebige Haut von der Seele loslöste, es ist als ob ein feiner Nebel am herbstlichen Morgen von den Feldern zurückwiche, sich langsam hebe, weißen Gaswolken vergleichbar, und über die aufwachende, dampfende, weißglitzernde Landschaft langsam die Sonne mit ihrer kalten, skeptischen Klarheit aufginge.

Das sind die gröbsten, psychologischen Umrisse seiner Musik und nur in einer solchen konnte die ungeheure Reichhaltigkeit der menschlichen Empfindung, die zartesten Feinheiten, die ewig wechselnden Nuancen der Stimmungen, das Unausdrückbare, Rätselhafte, Flüchtige und Gespenstische im Menschen geoffenbart werden.

III

Ausgerüstet mit Nerven, deren „Anspruchsfähigkeit" so übermäßig gesteigert war, daß auf den geringsten Reiz vulkanische Explosionen erfolgten, mit den krankhaft gesteigerten Sinnen, den allerfeinsten Fühlhörnern vergleichbar, die selbst dort zum Vorschein kommen, wo die menschlichen Werkzeuge schon längst ihren Dienst versagten, wußte er jedes Gefühl, das sich kaum über die Schwelle des Bewußten hinaufgewagt, in seinen Tönen fest zu magnetisieren. —
Jede Stimmung, deren man sich sonst nicht bewußt wird, rief in seinem Gehirne auf rätselhaftem Wege eine zugehörige Klangfarbe hervor, jedes seelische Ereignis, mochte es noch so zart und flüchtig sein, prägte sich sofort in entsprechenden Tonwert um. Und es scheint, als ob das Gesetz von der spezifischen Energie der Sinnesorgane für ihn keine Geltung hätte, als ob es in diesem ewig fiebernden Gehirne irgend einen Punkt gäbe, in dem alle Empfindungen zusammenliefen, irgend eine Verbindung der Sinnesorgane unter einander derart, daß eine Licht- oder Geschmacksempfindung ohne weiteres auf die Gehörnerven überginge. —

Und vermöge dieser Eigenschaft bedeutet Chopin eine känogenetische Entwicklungsstufe par préférence, neu auftauchende Züge in der geistigen Physiognomie des Menschen, neue Leitungsbahnen, die im Menschengehirne erschlossen wurden, eine enorme Bereicherung des Gemütslebens: an Chopin kann man studieren, um wie viel der moderne Mensch an neuem Empfindungsleben seinem Vorgänger, wie er sich in der klassischen Musik offenbart, überlegen ist.

Hier zum ersten Male hat der arrière-fond der Seele Ausdruck gefunden, ein bisher unbekanntes Leben, von dem das Bewußte der verschwindend kleine Teil ist, ein direkt zweites Leben, das sich nur reflexiv äußert, worin wir aber den Grund und die Ursache aller unserer Lebensäußerungen zu suchen haben, — das ist der hypothetische Erdmagnetismus, der die Ablenkungen der Magnetnadel erklärt, der Weltäther, der uns die Schwingungen der Atome begreiflich macht, die elektromotorische Kraft, die das Überspringen der Elektrizität vom positiven zum negativen Potential unserem Verständnisse näher rückt.

Doch Chopin reflektiert nicht, er hat diese Arbeit seinem großen Nachfolger — Nietzsche — überlassen, er selbst schildert nur, lebt nach, läßt fremde Nervenströme durch sein Gehirn passieren.

Und dies gerade, daß er selbst der Mann

beständiger Erschütterungen, brodelnder Gährungen, fiebernder Delirien, extatischer Verzückung und irrsinnigen Trübsinnes ist, hat ihn zum bedeutendsten Psychologen der hysterischen Seele, der Spasmen kranker Nerven, der irritierenden Qualen, der unlokalisierbaren Schmerzen, der zitternden Unruhe gemacht. —

Es gibt eine Stelle in seinen Werken, die die beste Illustration zu meinen Worten bildet.

Ich meine das Ende des Sostenuto-Teiles im H-moll-Scherzo: In der brütenden, so endlos schmerzlichen Monotonie plötzlich ein schriller Akkord von grandioser Wirkung.

Dieses unmittelbare Aufkreischen mitten in dem dumpfen Hinträumen in einen schweren, traumlosen Schlaf hinein, dieser physich-brutale Aufschrei in der Agonie des Schmerzes, dieses heisere, gelle Auflachen mitten in dem düsteren Ernst einer nächtlichen Herbstlandschaft, gibt uns bessere Auskunft über die Nachtseiten des menschlichen Empfindungslebens, als alle psychologischen Klügeleien insgesamt.

Was wissen wir von der ewig unheilbrütenden Macht, von dem Dämon in uns, dem mittelalterlichen Fürst der Finsternis vergleichbar, der in der ewigen Nacht unseres Daseins lebt, in dessen Händen wir willenlose somnambule Medien sind?

Wir sehen, wie vor unseren Augen grinsende Gespenster aufsteigen, wir fühlen plötzlich einen

Biß im Inneren, so schmerzhaft und so brennend, daß sich unser ganzes Wesen in Todesangst aufbäumt — wissen wir woher das alles kommt, weiß ein Lustmörder, weshalb ihn das frische Mädchenfleisch zum Morde berauscht, weiß ein Irrsinniger, weshalb er rast? Horla! Horla! Horla, der Edgar Poe am Alkohol, Baudelaire am Haschisch, Maupassant an Äther zu Grunde gehen läßt und Horla im Chopin hat dies Scherzo geschrieben!

Hier tritt uns das Problem des Menschen entgegen mit seinen Untiefen, dem unterirdischen Brausen, dem dumpfen Prasseln eines unsichtbaren Brandes — das gewaltige Problem, den keine Hypothesen von den doppelt-elektrischen Molekülen, keine Theorien von Atomen mit elektrolytischen Eigenschaften erklären werden, und l'homme machine, wie sich ihn die flachen anglisierenden Philosophen konstruiert haben, wird immer mehr zu einem Rätsel, weit tiefer aufgefaßt, wie man es im unwissendsten Mittelalter auffaßte.

IV

An Chopin wurde mir zuerst das Wesen der Musik klar. —
Der schematisierende Philosophengeist, der schön geordnete Vermögen und Fakultäten besitzt, sucht für die Musik einen getrennten Ursprung, er will sie aus der Nachahmung von Natur- und Tierlauten entstanden wissen, nach dem lieblichen ABC der Bau-Wau-Theorie.

Hat man aber erst einen tieferen Einblick in den Menschen, und somit auch die Überzeugung gewonnen, daß unser Blick kaum die Oberfläche am Menschen streife, daß der Kahn unserer Erkenntnis auf dem glatten Eise der Bewustseinsphänomene gleite, nicht ahnend, daß darunter abgründliche Meere in majestätischer Pracht ruhen, dann begnügt man sich nicht mit diesen flachen Theorien.

Dort unten ist der gemeinsame Allmutterschoß, in dem alle Fakultäten in einem Keime beisammen ruhen, in einander verfädelt und verwachsen. —

Und sieht man einen Menschen an in seiner ewigen, rastlosen Beweglichkeit, denkt man sich hinein in das abwechselnde Erstarren und Aufschmelzen seiner Gesichtslinien, in die spielenden Schatten und Lichter, die beständig hin- und herhuschen, ohne daß der Mensch irgend etwas von diesem Spiele, das seine Nerven mit unsichtbarer Hand in Scene setzen, wüßte, da wird der Gedanke eines gleichen Ursprunges auch für die Musik nahegelegt, als eines geheimnisvollen Korrelats der beständigen Ebbe und Flut in unseren Nerven, als einer aequivalenten notwendigen Reflexwirkung des letzteren, eines motorischen Ausschlages ohne Begleitung irgend eines psychischen Parallelprozesses.

Der „Gefühlston", unter welchem ein jeder Eindruck, mag er noch so klein sein, sich dem Gehirn darbietet, scheint zu einer motorischen Energie zu werden und im Kehlkopfe die Stimmbänder in Schwingungen zu versetzen, die alsdann im Gehörorgane zu Tonwerten umgeprägt werden. Ob dies auch dem tatsächlichen Verhalten entspricht, mag dahingestellt sein, ich will mich nur verständlich machen.

Übrigens wird wohl etwas Wahres daran sein. —

Es gibt einen experimentellen Weg, der das Essentielle meiner Ausführungen bestätigt.

Überläßt man sich dem Einflusse der Musik — ich kann es immer konstatieren, wenn ich Chopin höre — dann fühlt man, wie sich eine ganze Schar von Gefühlen hinaufdrängt, die man früher nicht bemerkt hatte. Man merkt, wie über die vom Lichte des Bewußten übergossenen Gegenstände flüchtige Schatten hinüberfliegen — wie das Bewußte intermittierend auf Augenblicke verdunkelt wird durch vage Erinnerungen, leise Unruhe, eine Art von Erzittern, als ob in der Ferne schwere Wagen rollten und den Erdboden erschütterten — man fühlt ganz deutlich, wie ein Ton nach dem andern ganze Ketten unfixierbarer Stimmungen aus der Tiefe hervorschleppt, wie sich diese Töne dann um einen Punkt kondensieren und plötzlich taucht irgend ein Erlebnis auf, das wie die neugeborene Sonne auszustrahlen beginnt und mit seiner Wärme in die tiefsten, entlegensten Winkeln unserer Seele hineingelangt. —

Was geschah?

Die Töne haben ihre korrelativen Gefühle wachgerufen, ganz unscheinbare vage Stimmungen, die als Begleiterscheinungen irgend eines Erlebnisses seiner Zeit aufgetreten, aber nicht empfunden wurden. Jetzt erst traten sie in Aktivität und nur auf diesem Wege gelangen wir zu den entferntesten geistigen Irradiationen, die sich auf dem Boden des geistigen Daseins festsetzen und ihn mit dünner Kruste überziehen.

Und gerade für diese sekundären Gefühle, für alles das, was sich aus jener Tiefe des Unbewußten hinaufarbeitet, was dunkel und verschwommen nach der Sonne hinaufstrebt, für alles Unsagbare, Zerrinnende, Beängstigende und Aufjauchzende, wofür wir keinen Grund anzugeben wüßten, wofür die Sprache keine Laute hat, wofür die scharfsinnigste Erklärung nur eine geschickte Taschenspielervolte ist, haben wir in Tönen Ausdruck.

Und wie Musik, als Stimmung, die sie ihrem Wesen nach nur allein bedeuten kann, dort aufhört, wo die Erkenntnis ansetzt, und wie sie sich beide in die Hände arbeiten, und wie der Ton sich in die Tiefe aus demselben Keim entwickelt, aus welchem das Wort sich mühsam in die Höhe hinaufarbeitet, unwissend, ob es der Lüge oder der Wahrheit zustrebt, so hat Chopin, der feinste Psychologe des Unbewußten, auch seine Ergänzung gefunden, so innig mit ihm verwandt und tausendfältig mit ihm verhäkelt und verfädelt, wie es nur eben Ton und Wort miteinander sind.

Dieses Korrelat von Chopin, seine Fortentwicklung auf gemeinsamen Boden und unter denselben kulturellen Bedingungen, vielleicht nur seine Kehrseite ist Friedrich Nietzsche.

V

Zwischen Chopin und Nietzsche bestand eine Art Sternenfreundschaft zweier Kometen, von denen es in der „Morgenröte" geschrieben steht, daß ihre Bahnen sich einmal in der Unendlichkeit gekreuzt haben müssen; dann sind sie sich wieder fremd geworden, um nach unabsehbaren Zeiten sich wieder einmal zu nähern. —

Wo Chopin aufhört, setzt Nietzsche an. Jener bannte die feinste Regung in seinem Inneren fest, mit den Polypenarmen seines Gehörs erhaschte er die flüchtigste Stimmung und mit der naiven Unbefangenheit des aristokratischen Von-Ohngefährs in seinem Wesen, gab er uns Kunde von der geheimen Arbeit in den tiefsten Seelenschichten.

Wie nun gerade diese im Dunklen des Unbewußten vegetierende Niederschlagsflora für die Handlungsweise des Menschen von ausschlaggebender Bedeutung sei, wie sich gerade aus den unverstandenen, unbewußten Irradiationen eines physischen Vorganges die Willensakte aufbauen und längst fertig vorliegen, bevor man noch mit dem Abwägen zum Abschlusse gekommen ist, wie vor jeder Urteilsfähigkeit das physiologische

Postulat existiert, das uns alle unsere Handlungen ausführen läßt, ohne daß wir nach unseren Wünschen gefragt würden, wie alle seelischen Komplikationen aus untereinander gleichartigen Elementen bestehen und ihre scheinbare Verschiedenheit, ihre erstaunliche Mannigfaltigkeit nur der Ausdruck tausendfältiger Modifikationen eines und desselben Elementes ist, wie Wahrnehmung, Gefühl, Wille eine untrennbare Einheit, die psychische Funktion des minimalsten Bewegungsmomentes eines Nervenmolekels darstellen, wie überhaupt alle psychischen Zustände, die in ihrer Getrenntheit als etwas Einfaches, schlechthin Gegebenes, An-sich-Verständliches, als Ursachen und Kräfte aufgefaßt werden, nur falsche Interpretationen und Aggregatzustände physischer Vorgänge seien, alles das hat erst Nietzsche nachgewiesen und zugleich das große Mißtrauen gegen alles Bewußte gelehrt.

Das Bewußte am Menschen — im Sinne Nietzsches — ist wie die dünne Erdkruste, deren Zusammensetzung uns keinerlei Aufschlüsse über die Beschaffenheit des glühend flüssigen Erdinhaltes, aus dem sie sich durch Erstarrung gebildet hat, geben kann, es ist ein ewiger Clownstreich der interpretierenden Vernunft, um den Menschen zu betören und ihn irre zu leiten. Der fühlende, hoffende, wollende Mensch kam ihm wie ein Tier vor, das der Gott, wenn er bei Laune ist, kitzelt und stichelt, um sich an seinen Grimassen und dem grandiosen Gebahren desselben zu belustigen. —

Und nur durch diese falschen Interpretationen, durch diese eigentümlichen Aggegratzustände irgend etwas Unbekannten, durch dieses voreilige Zugreifen nach dem, was da ist, ohne sich nach seinem Ursprunge und Herkommen zu fragen, erklärte er sich den Glauben an die Seele als ein etwas, das in dem Menschen sitzt, das denkt, fühlt und will, dem ein ausgedehntes, obwohl nicht materielles, ein einfaches, absolutes Sein zukommt, das den Leib beherrscht und diese Hülle von sich ohne weiteres wegschütteln kann. — So erklärten sich ihm die antropomorphen Vorstellungen vom Wollen, als einer persönlich wirkenden Kraft, der Grundglaube an den freien Willen, als etwas schlechthin Undiskutierbares, außer allem Zweifel Stehendes, als die Grundtatsache des menschlichen Lebens — und so erklärten sich ihm die Konsequenzen dieses Glaubens, die Verantwortlichkeit, die Schuld, die lohnende und strafende Gerechtigkeit, die Grundwerte unseres moralischen Schätzens: das Gut und Böse. —

Es gibt aber keinen freien Willen, folglich gibt es keine Verantwortlichkeit, unsere Willensakte werden gewollt, aber nicht von uns, sondern von unserer Physis, über die wir keine Macht haben. Es gibt aber auch kein Gut und Böse, denn mit diesen Prädikaten belegen wir im letzteren Grunde nur die Natur, die im Menschen waltet, und diese zu loben oder zu verdächtigen ist Unsinn, ein Stück posthumer Vergangenheit, ein Atavismus rohester Art.

Folglich ist unsere Moral im Sinne des Verbindlichen und Absoluten auch nur ein Produkt des barbarischen, kindischen Denkens. —

Um die moralischen Phänomen zu erklären, bedarf es eines anderen Weges.

Das ist der kritisch-philosophische Teil der Arbeit Nietzsche's in den gröbsten Umrissen, die Übersetzung Chopin'scher Musik in die philosophische Sprache, Analyse und Deduktion aus dem Material, das Chopin geliefert hat.

VI

Nietzsche war einer der seltenen Typen, die, gleich den Schütterlinien, — welche beim Erdbeben aufgerissen werden und die Stellen bezeichnen, wo die Erde einen Versuch gemacht hatte, sich neu umzugestalten — das Trachten der Natur kundgaben, den Menschen über sich selbst hinaus zu schaffen und dieselbe Differenzierungsarbeit, die bis jetzt das ursprüngliche Protoplasmaklümpchen in einzelne Organe gesondert hatte, nunmehr weiter auszudehnen: die Menschen zu individualisierten Funktionen zu machen, gerade so wie sie in den Hymnopteren- und Thermitenstöcken den Polymorphismus zwischen Zeugenden, Gebärenden, Pflegern, Arbeitern, Beschützern zu Stande gebracht hatte.

Nietzsches Leben hatte sich in seinen Gedanken abgespielt, er hatte keine weiteren Erlebnisse, als nur neue Gedankenperspektiven, neue seelische Evolutionen, und in seiner Constituation war er lauter Gehirn, ganzes Gehirn mit seinem Doppelbilde, der übermäßigen Intelligenz, und dem aufs äußerste gesteigerten affektiven Leben.

Nietzsche war ein reiner Intelligenz- und Gehirnmensch ganz genau in demselben Sinne, wie es bei einer Gattung der Hydromedusen, den Siphonophoren, Magentiere, Genitaltiere und Atmungstiere gibt.

Und darin eben, daß er die höchste Entwicklung und somit Übergang war, daß er mit der einen Hälfte seines Seins in eine neue Periode hinübergriff, daß das ganze Gleichgewicht seiner organischen Fortbildung sich nach dem Gehirn verrückte, daß er fortwährend an sich zum „Verbrecher" werden mußte, daß er ewiges Zerstören und Neu-Schaffen, ewiges Werden und Geschehen, stete Ebbe und Flut war, lag sein Untergang. Es war in ihm etwas von den Fieberzuständen, welche die Ausstoßung verbrauchter und verfaulender Gewebe begleiten, etwas von dem Seelenasthma, da die Lebensbedingungen, unter denen er lebte, nicht für ihn geschaffen waren, etwas von der nervösen Sensibilität und der allgemeinen übermäßigen Verfeinerung der Zwischen- und Übergangsarten.

In seiner ganzen Entwicklung sah man das grosse, geheimnisvolle Naturgesetz walten, wonach diese vermittelnden „Brücken" zu Grunde gehen müssen, gleich als ob sich die Natur ihrer Werdeprozesse schämte und deshalb alles Werden sich hinter den Kulissen abspielen läßt. —

Doch das eben, was sein Untergang war, machte auch zugleich seine Stärke, seine Macht aus. Er besaß jenen Scharfblick der Degenerierten mit der verletzenden Intensität einer Wintersonne, die sich mit ihrem Lichte über Schneefelder ergießt und jedes Schneekrystallchen deutlich zu erkennen gibt — ein Auge, das einem Projektionsapparate gleich, das Gesehene, tausendfältig vergrößert, ins Gehirn projizierte, um jedes Ding in seiner intimsten Struktur in seiner kompliziertesten Verfassung betrachten zu können. —

Aus seinen Sinnen konstruierte er sich Tastorgane, um dem Auge nachzuhelfen und dem

Flächenbilde desselben seine stereometrischen Dimensionen zu geben. Sein Gehirn glich einer elektrischen Influenzmaschine, die sich von selbst immer von neuem ladet, oder einem Blutgefäß, das stets in Funktion bleibt, indem es sich fortwährend mit eigenen Gefäßen speist, und so konnte es nie zur Ruhe kommen, fortwährend streckte es seine Fühlhörner nach allen Seiten aus und während eines derselben sich mit einem Problem beschäftigte, eröffneten ihm die anderen neue Perspektiven, versetzten ihn in Fühlung mit den entlegensten Dingen, die bei der Beurteilung eines Gegenstandes ihm die Genese desselben vor die Augen zauberten und ihm die Möglichkeit boten, jedes Problem in seiner umfassendsten Totalität zu erfassen.

Und wie man auf einem Seismometer das geringste, sonst nicht bemerkbare Erdbeben wahrnehmen kann, wie man dann aus den Kurven, die derselbe über einer gemeinsamen Abscisse aufschreibt durch das Auftragen von Ordinaten die Mittelstärke des Bebens berechnen kann, so besaß er in seinem überaus verfeinerten Gemütsleben, das ihm jedes fremde Erlebnis nachzuempfinden und tatsächlich nachzuleben gestattete, in der wechselnden Intensität seiner Reaktionsweise, mit der er die Handlungen und Gefühle seiner Mitmenschen aufnahm, ein ebenso empfindliches Instrument.

Vermöge dieser Eigenschaft konnte er an sich selber die weitgehendsten Experimente vornehmen, und so wie es war, trug sein Gehirn das große, aristokratische Abzeichen, das einer großen Vergangenheit und Tradition, Auslese und Verfeinerung, Tiefe und Verschämtheit, es war wie ein Uhrwerk, das Jahrhunderte abgelaufen hat, ein Brennspiegel, der die Strahlen aus dem ganzen Weltall in einem Punkte konzentriert. Sein geistiges Leben glich einer ideellen Allgemeinexistenz, wo sich alle geistigen Strömungen, alle Kämpfe und Siege des Wissens wiederfanden, einem Resonanzboden, in dem jeder Ton verstärkt nachklingt, und von dem er Frische, Lebendigkeit und Farbe empfängt. In allem Menschlichen hat er sich ein Meer geschaffen mit endlosen Aus- und Fernblicken voll gefährlichster Untiefen und verderbenlauernden Sandbänken, ein Weib verführerischster Art, das ihn in seine Schliche lockte und mit leichtem Fuße davonsprang, sobald er seiner habhaft werden wollte. Doch er kannte die Gefahren des Meeres und die Schliche des Weibes, er kannte die rastlosen Verwandlungen und Verkleidungen und die Unzuverlässigkeit beider. Und wie er das letztere mit der Peitsche zu bezwingen lehrte, unterwarf er sich das Meer mit seinen möwenumrauschten Segeln.
— Seine Betrachtungsweise des Menschen war eine embryologisch-evolutionistische. Nach den-

selben Prinzipien, nach denen der Embryologe die Lebewesen ihren fortschreitenden Entwickelungsstufen nach unterscheidet, klassifizierte auch er die Menschen. Er suchte und fand Menschen, für deren geistige Entwicklung er das Symbol Morula setzen konnte, andere, die ihm die Blastula der Entwicklung aufwiesen, wieder andere, die er nur als in der Entwicklung zurückgebliebene Gastraeen betrachten konnte. Bei dieser Unterscheidungsart lernte er das Palingenetische am Menschen kennen, atavistische Rückfälle und rudimentäre Überbleibsel, aber er sah auch, wie der Mensch sich über diese Formen hinausentwickelte, mit Eifer und Liebe studierte er diese neu auftauchenden Züge, und gerade in dieser Entwicklungsfähigkeit sah er den Sauerteig der Geschlechter, den Gährungserreger einer zukünftigen Wiedergeburt, das hochzeitliche Unterpfand einer Hinaufpflanzung.

Doch in dem Menschen, wie er jetzt ist, ist die Entwicklung noch nicht über das Tier hinausgekommen. Überall sah er das Tier im Menschen in den mannigfachsten Verkleidungen und Modifikationen, in den verschiedensten Dressurformen von einfacher Zähmung eines Haustieres bis zum Zirkuselefanten hinauf. —

Und wie der Psychiater die Einheit des Bewußtseins in sogenannten pathologischen Zuständen zerfallen, mehrere Bewußtseinsakte zugleich sich abwickeln, mehrere Gedächtnisreihen sich gleichzeitig abspielen und in einer Person das Bewußtsein mehrerer Persönlichkeiten vereinigt sieht, und somit die Einheit der Persönlichkeit als etwas Zufälliges, und im Gegensatze dazu die Unabhängigkeit der Ganglien, deren jede gleichsam im latenten Zustande ein volldifferenziertes Leben besitzt, als das Konstante und Maßgebende ansieht, so gelangte auch Nietzsche auf Grund seiner Beobachtungen zu der Annahme solcher autonomer Ganglienseelen im Menschen. Der Ausdruck Seele ist für ihn ein Kollektivbegriff für die Seelen aller der Tiere, die er nach einander war, bevor er zum Menschen wurde, der Mensch vereinigt das Reptil und das Raubtier und den Wiederkäuer in sich. Und alle diese Tierseelen bekämpfen und paralysieren sich gegenseitig: es gibt aber ein Streben, in dem sich alle einig sind, ein großes biogenetisches Gesetz, dem sie alle gehorchen und das ist der Wille zur Macht. —

So fand Nietzsche die lang gesuchte Dominante des menschlichen Lebens, den zeugenden, formgebenden, gestaltenden Keimfleck, der mit seinen feinen und feinsten Fortsätzen das ganze Leben umspinnt, wie er in einem Vogelei das ganze Ernährungsplasma durchzieht, den Kohlenstoff, der allen organischen Verbindungen zu Grunde liegt, den mythologischen Ozean, der alles Leben in breiten Wogen umspült, es mit seinen silbern glitzernden Adern durchsetzt, verteilt und ihm ein bestimmtes Gepräge verleiht. — Hier hat Nietzsche das Archimedische δος μοι που οτω gewonnen, von dem er die ganze bestehende Moral, als Wissenschaft, aus den Angeln gehoben hat; seit Nietzsche trat das Problem Moral in ein neues Stadium: es wurde zu einer Magen-, Geschlechts- und Machtfrage. —

VII

Der Nietzsche, den wir bis jetzt betrachtet haben, das ist der Schöpfer der Molekularpsychologie, wenn ich mich so ausdrücken dürfte, das ist der Mann der erstaunlichsten Denkenergie, der die Moral zum Machtproblem gemacht hatte, aber es gibt auch einen Nietzsche, der Schopenhauer und Wagner zu Erziehern, eine lange Reihe psychopathisch veranlagter Pastoren zu Vorfahren hatte und dessen Umgebung seit seiner frühesten Jugend aus Frauen bestand:*) dieser

---

*) Ich verweise hier ganz besonders auf das Schriftchen von Ola Hansson über Friedrich Nietzsche, meiner Meinung nach bei weitem das Beste und Feinste, was über Nietzsche geschrieben wurde.

Nietzsche ist nichts als ein Stück fortwährender Reaktion, ein Stück schmerzhafter Raserei gegen seine Vergangenheit, es ist an ihm etwas von dem beißenden Hohn und der grausamen Rücksichtslosigkeit eines Hahnrei, der endlich gemerkt hatte, wie lange er hintergangen und betrogen wurde, etwas, das an die Wut eines Stieres gegen das rote Tuch erinnert.

Sein ganzes Leben war ein Befreiungskampf. Fortwährend war er bestrebt, das Unkraut politischer, religiöser und philosophischer Mythologien auszujäten, das Ekzem der Herdenmoral, das seine geistige Haut verunreinigte, wegzusengen; mit Hilfe naturwissenschaftlicher Lehren hatte er sein Denken geklärt und gesäubert, in seinem Gehirne hatte er eine Unmasse von Zweigbatterien ausgeschaltet und die Ströme seines Denkens auf neue Leitungsbahnen gelenkt.

Doch trotz all' der großen Arbeit, die er für seine Neubildung verwandte, trotz der Mühe, das Vererbte, Anerzogene, den Pastor und das Weib aus seiner Seele wegzuwischen, unterlag er dem großen Gesetze, das man das Gedächtnis der Materie nennen könnte.

Inmitten alles Neuschaffens und Neugestaltens verblieb den Molekeln seiner Nerven das Bestreben sich in bestimmten, so oft wiederholten Lageverhältnissen zu ordnen, um einen bestimmten barozentrischen Kernpunkt zu oszillieren: Neben den neuen Leitungsbahnen blieb ein unsichtbarer Kräfteherd, der die ausgeschalteten Batterien immer von neuem mit Nahrung speiste und in Tätigkeit erhielt. —

Er lernte die Wirklichkeit schätzen, auf Lügen zu straucheln, um nur ein Körnchen Wahrheitsgold zu erwischen, aber die Sehnsucht blieb; er hat sein Denken von religiösen Begriffen und moralischen Wertbestimmungen befreit und doch vermochte er nicht die Dinge rein anzusehen, immer und wieder brachte er in sie menschliche Beziehungen hinein und die religiöse Stimmung verblieb. Und wenn auch die Religion und die Moral ihre richtungbestimmende und ausschlaggebende Kraft verloren, so blieb das schlechte Gewissen. —

Das ist das große Bestimmungsgesetz, wonach die Zellen seines geistigen Lebens zu ganz bestimmten Organen sich zusammentaten, das war die spezifische Energie seines Denkorgans, jener vergleichbar, mit welcher das Auge ausgerüstet ist, und wonach jede Empfindung auf dasselbe immer nur einen Lichteindruck hervorbringt.

Nietzsche war wie ein Roß edelster Rasse, das aber schlecht eingeritten, wie ein feines Blasinstrument, das schlecht eingeblasen wurde und wo bei noch so großer Anstrengung sich immer dieselben molekularen Verhältnisse reproduzieren, die beim falschen Blasen hervorgerufen wurden.

Aus dieser psychologischen Betrachtungsweise erklärt sich eine gehässige Verachtung alles dessen, was er früher angebetet und verehrt hatte, die Qual, seine Nabelschnur von sich nicht lostrennen zu können, seine krankhafte wilde Sehnsucht nach Kraft, Stolz, Herrlichkeit und Macht, seine Sympathie mit allem Geschmäheten, Geächteten, in der Finsternis Lebenden.

Herdeninstinkte, grünes Weide-Glück, Schmutz und erbärmliches Behagen, das war alles, was er an dem Menschen von heute sah — und daß das Größte gar so klein, das Feinste nicht fein genug war, um sich seiner zu schämen, und daß das Erhabenste nicht unbefangen genug war, daß es sich seiner nicht bewußt wäre, und daß das Herrliche, das Stolze und Herrische am Menschen mit schlechtem Gewissen im Schatten der Verlogenheit einherschleiche, das brach ihm das Herz.

Voll Ekel und Verachtung wandte er sich ab, und damals war es, wo er einen Blick in das Land seiner Kinder tat, und damals war es auch, wo er den Übermenschen vom Wege auflas. Und diesen Übermenschen, den er lehrte, hatte er mit der ganzen grandiosen Verschwendung seines überreichen Geistes ausgestattet, ihn mit den glänzendsten, sattesten, prächtigsten Farben ausgemalt, und ihn in ein Meer von Helligkeit und Freude getaucht, auf daß er von Licht und

Gold strotze. Unter seinen Händen wurde er zu einer anfangslosen, ungewordenen Macht, zu einem mysteriösen, dionysischen Rausch-Symbol. —

Er wurde ihm das jenseitige Ufer, zu dem wir nur Brücken und Pfeiler der Sehnsucht sind, das gelobte Land derer, die nach uns kommen, das ewig grünende Elyseum der in Kraft und Stolz wiedergeborenen Menschheit.

Doch dieser Übermensch ist zugleich ein salto-mortale der entfesselten, in Orgien schwelgenden Vernunft, ein Rausch-Delirium der aus den Fugen geratenen, in tausend Stücke zersplitterten Seele, ein überwältigendes Finale, in dem sich ein üppiges Leben in spasmatischen Zuckungen austobt.

Mit der feuersprühenden Begeisterung und der hellseherischen Sehnsucht in den Augen, die nicht von dieser Welt sind, mit dem fatalistischen Stigma eines, der geopfert werden soll auf der Stirne, mit in die Ferne gestreckten Händen steht Zarathustra auf seinem Berge, vor seinen verzückten Blicken schwindet heute und gestern und morgen, alles hinter ihm stürzt verschmelzend zusammen und das vor ihm wird zur Ewigkeit, in der sich alle Wiedergeburt und Wiederkunft vollziehen werde:

„Oh wie sollte ich nicht nach der Ewigkeit brünstig sein und nach dem hochzeitlichen Ring der Ringe, dem Ring der Wiederkunft?"

„Nie noch fand ich das Weib, von dem ich Kinder mochte, es sei denn dieses Weib, das ich liebe: denn ich liebe dich, oh Ewigkeit!

„Denn ich liebe dich, oh Ewigkeit!"

VIII

Wie bei Chopin das H-moll Scherzo, so spiegelt: Also sprach Zarathustra die innerste Seele Nietzsches in den wunderbarsten Farben, von denen sich der Menschensinn nicht träumen ließ, wieder.

Was Nietzsche hier liefert, ist ein Stück Autobiographie, in der er seine großen Freund- und Feindschaften, seine rastlosen Kämpfe, sein Hoffen und Sehnen, seine Krankheiten und Genesungen niederlegt.

Und das ist es eben, was das Werk der wenigen Anzahl von Intelligenzen, die es zu genießen verstehen, so unendlich teuer macht.

Für „uns" Spätgeborene, die wir an „Wahrheit" zu glauben aufgehört haben, für die der ganze Schluß unserer Weisheit in der totalen Bankerotterklärung unseres Wissens besteht, mag wohl der erkenntnistheoretische Teil in Nietzsches Werken vom geringsten Werte sein. —

Was uns an ihm berauscht, das ist die Fähigkeit für seine überreiche Seele in der Sprache Symbole gefunden zu haben: seine Psychologie. Sie ist nicht die Retortenwissenschaft, wo aus einer Handvoll „objektiv" aufgefaßter Merkmale der ganze Mensch zusammengebraut wird, nicht die flache Erklärungswütigkeit englischer Psychologen, die alles verstehen, denen alles klar ist, nicht die filigrane Kunst der Franzosen, die in Sèvres-Porzellan arbeiten, Nietzsches Psychologie ist voll von glühenden Lavastürzen, die seine vulkanische Seele erbricht, voll von Geysirquellen, die warmes Herzblut in sprühender Gischt hinaufspeien.

Sie ist tief und verallgemeinernd, in jedem Tropfen sieht sie sich die ganze Welt wiederspiegeln, sie hat etwas vom Opiumtraume, in dem man alles ins Riesenhafte gesteigert sieht, etwas von der Wärme eines Golfstromes, der die Untiefen eines Ozeans erwärmen kann.

Sie hat einen leidenschaftlichen Charakter, jenes schwüle Pathos, mit dem eine reiche Seele auf das Rätselhafte, Unbekannte, Dämonische der Außenwelt reagiert. Sie analysiert nicht Einzelfälle, sie will nicht Lichteindrücke, als Ätherschwingungen, Töne als Wellenbewegung der Luft sehen, sie will das Ding seiner Merkmale nicht entkleiden, um sie „rein" und „an sich" anzuschauen: seine Psychologie bringt nur Stimmungen, in denen sie den einzigen Spiegel der Außenwelt erblickt.

Stimmungen als Symbole der Dinge hinzustellen, sie so zur Darstellung zu bringen, daß sie dieselben Stimmungen in jedem anderen Menschen hervorrufen, den Dingen einen passionierten, makrokosmischen Ausdruck zu geben, das ist die große Kunst Nietzsches, wie sie sich am herrlichsten in: Also sprach Zarathustra offenbart.

In dieser makrokosmischen Auffassung wird auch das Sexuelle, um nur das wichtigste und brennendste Problem zu erwähnen, der Kunst zugänglich werden: die nimmersatte Gier der Wollust, in der sich doch nur die ewige Lust des Schaffens, ewige Selbstbejahung, ein großes Ja zu allen Instinkten des Willens nach persönlicher Unsterblichkeit, nach Fortpflanzung bekundet, die Krämpfe der Brunst, aufgefaßt als der tiefste Instinkt des Lebens, als der heilige Weg zur Zukunft des Lebens, zur Ewigkeit des Lebens, — das Verhältnis der Geschlechter, aufgefaßt als das ursprünglichste biologische Gesetz, demzufolge die Männchen der Insekten im Gegensatze zu den Weibchen eine geschmeidige Gestalt und Flügel, die Männchen der Vögel herrlichen Federputz und ergiebigeren Kehlkopf, und das höchste der Säugetiere, der Mann, seinen individualisierten, fein gegliederten Körper, sein

Gehirn — das Weib seine Fettpolsterung, und reflexives Rückenmarksleben bekam. —

Nur in einer solchen Auffassung liegen die unendlichen, befruchtenden Keime, die eine neue Kunst schaffen werden, so unendlich verschieden von dem öden Naturalismus mit seinen dürftigen, geistesarmen coins de nature. —

Es gibt eine Stimmung im menschlichen Gemütsleben von der die Kunst ins Leben gerufen wurde und zu der sie zurückkehren muß und das ist der Rausch in seinen mannigfachen Äußerungen, als Freude am Erbeben des Fleisches, an der intensen Kraftverausgabung, an dem Durchtrunken- nnd Durchsättigtwerden von dem dionysischen Willen zur Lust, zur vulkanischen Entladung, zur Macht und Wucht.

Rausch ist die Kunst ihrem Wesen, ihrer Entstehung nach und Rausch muß sie hervorrufen, sonst haben wir sie nicht nötig. —

Rausch der geschlechtlichen Ekstase, mit ihrer geheimnisvollen dämonischen Gewalt, Rausch der Dämmerung und schwüler Sommernächte, Rausch der überschäumenden Jugend und der Frühlingslust, Rausch der ekstatischen Begeisterung und dionysischer Raserei, der Sehnsucht und des Schmerzes.

Und von den beiden Rauschkünstlern, Chopin und Nietzsche, wird die neue Kunst ausgehen, eine Kunst, die aufhört in verschiedene Zweige getrennt zu werden, allerdings in einer Zeit, wo unsere Darstellungsmittel sich so ausbilden werden, daß wir jeden Ausdruck, ob den musikalischen, ob sprachlichen, ob bildlichen mit derselben distinkten und differenzierten Schärfe verstehen werden, mit der jetzt nur das sprachliche den meisten zugänglich ist, wo es eine ununterbrochene Skala vom Tone bis zum Worte und zur Farbe ohne die jetzt bestehenden Grenzen, eine klare Rückübersetzung des Tones in Wort und Farbe und umgekehrt geben wird, wo unsere Sinne so fein werden, daß sie jedes Wort in dem zugehörigen Farben- und Tonwerte auffassen, wo die Kunst in ihrer Totalität als eine platonische Anamnese, eine erinnerte Erinnerung, als Selbsterlebtes, Selbstdurchfühltes und Durchdachtes in allen Ausdrucksmitteln mit gleicher Intensität genossen wird. —

Berlin, Dezember 1890.

Druck von Gottfr. Pätz, Naumburg a. S.

Stanislaus Przybyszewski

Zur
Psychologie
des Individuums

II.
Ola Hansson.

Berlin W
F. Fontane & Co.
1892

Alle Rechte
besonders das der Übersetzung
vorbehalten.

I

Wo ist mein Ich?

Als das weiche Gehirn anfing, sich allmählich zu härten und reif zu werden, ging ich auf die Suche nach meinem Ich.

Das Ich, sagten mir die Einen, das ist das grosse Uebergehirn, das über dem anderen steht, es controllirt und es in der Macht hat, das Ich ist das Ueberbewusstsein, das Appercipirende, durch welches das Percipirte existirt, das ist der Ueberwille, der über die motorischen Energien verfügt, der Leitungen in Contact setzt und sie nach Belieben wieder ausschaltet.

Das Ich, sagten mir die Anderen, das ist das Constante und Absolute, das Einheitliche in dem Mannigfaltigen, das Unveränderliche in allem Wechsel; Ich als Jch bin der Anfang und das Ende der Welt, Ich bin der grosse Herr des Daseins, da Alles durch mich existirt, da alle Dinge nur in mir sind.

Und ich sah, wie sich der frühere Gottesglauben in einen neuen Cultus verflüchtigte, in eine neue Religion sublimirte, wie sich das Bedürfnis nach dem Absoluten, dem Allherrscher neue Bahnen geschaffen hat in einem Vernunft-Knochenbruch, einem Vernunft-Superlative, einer grande mésalliance vom höchsten Verstand und fixer Idee — dem Stirnerschen Ich. —

Damals war es, wo ich eine kleine Novellensammlung von einem jungen Schweden, Ola Hansson — „Die Parias" — kennen lernte. — Der erste Eindruck, den ich von dem Buche empfangen habe, war von einer merkwürdig visionären Art.

Ich sah hinter dem Buche ein tiefes lauerndes Auge mit langen feinen Tastorganen, die sich in ein fremdes Gehirn hineinbohren und das Tiefste und Geheimnisvollste aus ihm herausgreifen, ich sah den entblössten Mechanismus eines neuen Geistes, in dem ein Gesichtseindruck sich bis dahin hinabwühlt, wo Individuelles und Persönliches ineinandergreifen, ineinander verschlungen sind, um von diesem Verknotungspunkte aus auf tausend Leitungen ins Bewusste überzuströmen, ich fand zum ersten Male diesen neuen Geist, der das wissenschaftliche und dichterische Denken in dem innigen Verschmelzen, der Synthese beider Denkarten zur ungeahnten Potenz erhoben hat.

Und so ist das Buch eine Psychophysiologie

der unterbewussten, discretesten Vorgänge in der menschlichen Psyche, das Buch von dem Gehirne des Idioten, dessen Centren jede Verbindung untereinander aufgegeben haben und jedes nun auf eigene Faust seine Funktionen verrichtet, das Buch von den Zuständen in einer überbildeten, krankhaft potenzirten Seele, in der es allerhand Eruptionen giebt, ohne dass für ihr Auftreten irgend ein ursachlicher Grund vorhanden wäre, wo eine Rede nur als eine Reihe von schwächer und stärker klingenden Lauten wiedertönt, ein Lichtpunkt zu einem unermesslichen Meere von sengender Hitze anschwellen kann, das Buch von den psychischen Geschwulstbildungen, einer Art psychopathologischer Zeugung, analog derjenigen, die der geniale Arzt Schleich*) als Ursache für das Entstehen körperlicher Geschwülste vermutet. —

Mitten in dem festgefügten Ich-Zusammenhange hebt sich allmählich etwas, wie eine neugeborene Insel, wie eine Nebelmasse, die ins Kreisen gerät und Wärme und Licht auszustrahlen beginnt, wie eine Granit-, Diorit- und Gabbroschicht, die tief im Inneren der Erde verborgen, durch gewaltige Störungen im Erdinneren, durch Verschiebungen der Lithosphäre oder durch die nivellirende Thätigkeit des Wasssers plötzlich zum Vorschein kommt.

---
*) Infektion und Geschwulstbildung.

Das, womit wir leben, womit wir im gewöhnlichen Leben auskommen, was wir die Identität des Ich nennen, das sind nur die während des Lebens erworbenen Eindrücke, die sich in der Erinnerung in derselben Aufeinanderfolge präsentiren, in der sie erworben wurden, aber sie sind auch nur der krystallinische Schiefermantel, welcher den unbekannten Erdkern einhüllt. Neben der Landschaft, durchfurcht von Eisenbahnschienen und umsponnen von Telegraphennetzen, ruht in der Tiefe des Gehirnes eine ausgestorbene silurische Landschaft mit erstarrten Gletschermassen, mit klaffenden Schütterlinien, mit einer riesigen fossilen Flora Sigillarien, Stigmarien und Farrenkräuter.

Neben dem Ich, der kleinen Kette meiner persönlichen Erfahrungen steckt da drin der Mensch mit dem halbwachen Gehirne, das nur wenige Eindrücke im Stande war aufzunehmen und auf alle Ausseneindrücke mit ungeheurer motorischer Explosion antwortete — der Höhlenmensch mit dem weichen Hirne, in dem der sensitive und der motorische Strang eine einzige Leitung darstellten, in deren Verlauf noch keine Zwischenstationen eingetreten sind, welche einen Eindruck an dessen sofortiger Auslösung hindern könnten.

Und wie dann ein einziger, vielleicht ganz unbedeutender Eindruck in das Gehirn hineinkommt, wie er in Rotation gerät und den ganzen Gehirninhalt in Schwingungen um seine Axe bringt, wie sich dann das Alles um einen Kernpunkt verdichtet und sich zu Etwas concentrirt, worin das Menschtier auflebt und die ursprünglichsten Associationen, die sich in dem Gehirne des Urmenschen festsetzten, zu verderblichen Kräfteherden werden, wie unter dem ganzen Eindrucksfond immer einer vorhanden ist, der dazu prädestinirt erscheint, die wichtigste Rolle im menschlichen Leben zu spielen, — das ist der Inhalt des Buches.

So sind in dem Keimepithel, der Uranlage des weiblichen Eierstockes einzelne Zellen vorhanden, die sich kaum von den übrigen unterscheiden und die zu Eichen werden, den Trägern des künftigen Geschlechtes. So ist unter den Millionen von Spermatocyten immer nur ein einziger da, der sich in das Eichen hineinbohrt, den Entwicklungsakt einleitet und an die ganze Daseins-Kette neues Glied anfügt.

Und wie sich dann das Eichen in Milliarden von Zellen spaltet, wie es zu einer Zellblase wird, wie sich diese in Organe differenzirt, wie es das Blut der Mutter an sich saugt, und das mütterliche Leben in seinem eigenen gipfeln lässt, so wird irgend ein Eindruck, den die Urahnen empfangen haben und der sich als eine physiologische „Spur" auf das kommende Ge-

schlecht vererbt hatte, durch irgend eine Gefühlsirradiation von seinem tausendjährigen Schlaf wachgerufen, die alten mitvererbten Leitungsbahnen werden betreten und, einmal in Gang gebracht, wird die ganze Kette aller der Eindrücke, die zu dem ersteren in Beziehung standen, abgewickelt. Von selbst werden die Muskeln in Stand gesetzt, von selbst lösen sich die zu jenen vererbten Eindrücken zugehörigen Bewegungen aus, mit derselben Notwendigkeit, mit der eine Erinnerung alle zugehörigen Gefühlszustände repräsentirt, mit der ein in die Erde geworfener Samen wachsen und in der Lunge des neugeborenen Kindes der Gasaustausch vor sich gehen muss. —
Und das ist die enorme Fatalität des Lebens, dass man gegen Eindrücke nicht mit seinen eigenen Erfahrungen, sondern mit denjenigen, die vor der Geburt, ausserhalb meiner Ichzustände liegen, reagiren, dass das Leben sich in von vornherein vorgezeichneten Grenzen entwickeln muss — es ist die Fatalität der Prädestination, derzufolge schon damals, als das erste Protoplasmaklümpchen sich aus den organischen Stoffen durch Urzeugung zusammenfügte, das entwickelteste Leben vorgeformt war. Ueber Allem waltet Mutter Heimarmene und der Vater Kismet — beide haben das Sein gezeugt.

Keine unter den Pariasgeschichten illustrirt

diese Fatalität mit einer solchen Evidenz, wie der „Muttermörder."

Der Sohn mordet die Mutter, weil ihn ihr beim Schlucken auf- und niedergleitender Kehlkopf reizt, er will ihn zum Stillstand bringen und er erwürgt die Mutter. Aber er hat kein Schuldbewusstsein, im Momente, wo er den Mord vollbrachte, sah er nur ein paar Hände, die eine weiche Masse zusammenschnürten.

In dieser Novelle ist Hansson aber noch zugleich dem tiefsten Problem nahegerückt, ich meine das Problem des Ichbewusstseins. —

Ich als Ich bin nur das „tout de coalition" und zwar coalition meiner persönlichen Erfahrungen von Aussen und Innen.

Physiologisch ist es die stufenweise vor sich gehende Coordination von niederen Centren unter die höheren, bis schliesslich die ganze Kette dem obersten Ganglion — der Grosshirnrinde — subsumirt wird.

Es giebt aber Fähigkeiten, es giebt Leitungen, die abseits von dem grossen Leitungsnetze stehen, die niemals in irgend eine Beziehung zu ihm getreten sind. Und gerade diese sind es, in denen sich der ganze bas-fond unserer Seele abspielt. Neben den bewussten Zuständen, in die das Ich immer als ein constituirendes Glied eintritt, wickeln sich hier unterbewusste Vorgänge ab, die ich nicht als zu mir gehörig betrachte, die von etwas Fremdem ausgeführt zu sein scheinen, einem Dämon, der über dem Ich steht.

Dieses Fremde, dieses Abseits- und Ausserhalbstehende, das Hansson so sehr betont, gestattet uns auch einen tiefen Einblick in die Natur des Unbewussten.

Die Fachpsychologie hält nur die hirnphysiologischen Vorgänge für geeignet, Bewusstseinsphänomene hervorzubringen. Hiernach müsste jeder Bewusstseinszustand ein Ichelement enthalten, das in jedem bewussten Phänomen miteingeschlossen ist.

Wenn man aber sieht, wie Hände nach etwas zugreifen, ohne dass man sie als seine eigenen erkennt, wie ein Mensch sich das Messer in das Herz stösst, in dem Glauben, dass er den Anderen mordet, in den er sich gespalten wähnte, dann genügt das Wunder von der neu hinzugetretenen, subjektiven Kraft zu einem objektiven Molekularvorgange nicht mehr.

Jede Nervenzelle als solche ist autonom, ein Gehirn für sich, mit dem Bewusstsein ihrer Zustände begabt.

Als Nervenzelle hat sie Bewusstsein nur von ihren eigenen Zuständen, der Zustand in jeder anderen ist für sie einfach ein molekularer Process, vollständig dasselbe, wie für das coordinirte menschliche Bewusstsein der parabolische Wurf nichts weiter ist als ein mechanischer Vorgang. So irrt eine Seelenmonade von einem Planeten zum anderen, sich seiner selbst bewusst, seine Zustände belauschend, so muss jeder Atom, der mit anderen in einen Verdichtungszustand übergeht, Schmerz empfinden, und so ringt die ganze Erde in ihrem nach dem Mittelpunkte zu strebenden Concentrationsstadium vergebens nach dem Lustgefühl der Auflösung und des Zerfalls.

Und diese bewussten Zellen und Zellgruppen haben sich zu Gunsten der Centralisation coordinirt, mit Commissuren unter einander verbunden, aber nicht alle, auch die Coordination ist locker, in einem Momente durch irgend eine Veranlassung zerfällt der coordinirte Staat, das tout de coalition gleitet auseinander und nun ist der gewaltige Augenblick da, wo der Mensch in Menschen zerfällt, von denen einer dem anderen fremd ist, wo der grausige Tolentanz eines Ich um das andere beginnt, eine schauerliche Orgie von grausem Entsetzen, irrer, wollüstiger Mordsucht und satanischer Brunst.

So kann ein homonom gegliedertes Tier zerstückelt werden und trotzdem leben die einzelnen Metameren ungestört weiter, jede kann das Fehlende spontan ergänzen, und wiederum zu einem ganzen Tier werden. So wird das Polareis durch die Anstösse des Oceans angeschwemmt, zerbröckelt, es zerfällt in mächtige Schollen, die sich zu Eisbergen stauen, oder sich als Eisflarden vereinzelt, einsam auf der unermesslichen Weite herumtreiben.

Und wo ist mein Ich?

Wo ist das Absolute, das Einheitliche, wo ist das, worin das Sein zum Dasein wird, wo ist der Gott, der Laplace'sche Weltgeist, der das Weltall beherrscht, durch den und in dem Alles da ist?

Staub! Staub!

Milliarden von bewussten Nervenmolekeln, die gegen einander anprallen und sich abstossen, Milliarden von Nervenzellen, von denen jede nur sich seiner selbst bewusst ist, Nervenganglien, von denen jedes fähig ist, das Ich in einem Nu zu zersprengen, auseinander zu reissen und die Reise durch die Gedärme der Würmer einzuleiten.

Mein armes Ich!

II

Es ist etwas in diesen Novellen, was schon völlig Jenseits steht, ein transcendentales Jenseits bedeutet. Es bewegt sich alles auf der Grenze, wo der Schmerz schon aufgehört hatte, Schmerz zu sein und in Nirwana umgekippt ist, ein lang gedehntes, monotones, beschauliches Oum, halb wollüstiges Schauern, halb grauende Vertiefung, Hinabgleiten, Versinken, Auflösen, Auseinanderfallen.

Es ist etwas, das mit der hypothetischen vierten Dimension in Berührung steht, ein Aussen und Draussen, eine platonische Anamnese von den Zuständen, die die Seelenmonade in der jenseitigen Welt erlitten hatte, als sie noch mit dem Urgeiste eins war und das reine Sein anschaute.

Es ist etwas, das man nur im Chopinschen tempo rubato ausdrücken könnte, wo die Angst auf den Muskeln spielt: ein krampfartiges Gespanntsein, ein zuckender, reflexiver Ausgleich, da der Muskel nicht von einem Centrum den Nervenstrom empfängt, sondern von vielen Stellen gleichzeitig innervirt und nun nach allen Seiten hin und her gezerrt wird; — aber nur einen Moment, dann ein tiefes keuchendes Atmen, schneidend, ächzend, um wiederum in etwas Auseinandergleitendem, Aufgelösten auszuklingen. Dann ist noch etwas da, ein ganz undefinirbar feines Etwas, eine unmögliche psychologische Feinheit, die mir in allem, was Hansson geschrieben hat, und auch nur bei Hansson allein entgegenkommt. Es ist als ob sich eine Schauerwelle vorwärts und rückwärts über das ganze Gehirn fortpflanzte, ein leises Erzittern, den pendelartigen Oscillationen vergleichbar, die eine berührte Seite um ihre Abscissenaxe ausführt, es ist, als ob an den Muskeln etwas in unheimlich tiefer Molltonart aufgespielt würde, und durch das sich kreischende, brutal helle Tonwellen hindurchwinden, wie wenn einer in wahnsinnigen Schmerz ausbrechen möchte und dazu in Lachkrampf verfällt.

Es ist etwas da, das man durchaus ersticken möchte, man kennt es nicht, man fühlt es vielleicht zum ersten Male, aber man fühlt es als etwas furchtbar Unheimliches.

Hier ist es, wo man nur das Bewusstsein von dem Gefühlszustande hat, aber es ist kein Gegenstand da, woran man es anknüpfen könnte. Es sind wie fliegende Gedankenreihen, ohne Gedanken zu sein, weil sie keine Toncorrelate haben — Bilder, die wie lichte Punkte in eigentümlicher Phosphorescenz durch dicke Nebelmassen hindurchschimmern.

Wie kam es doch? Ich stelle mir vor, ich liege auf dem Bett, ich ringe mit dem Tode, schwarze lange, schmale Schatten steigen vor meinen Augen, wie ein dichter Zaun, der mich gegen das Jenseits noch abgrenzt, das Herz schlägt immer langsamer, immer schwächer bis auf einmal meine Seele im lauten Aufschrei von dem Daseinstraume aufwacht, der Schleier der Maja fällt von meinen Augen herunter, und ich der Anfang und das Ende der Welt, ich der grosse Herr des Daseins, bin in das Nichtsein übergetreten.

Jetzt ist aber ein Inhalt nicht mehr möglich, es bleibt nur ein Gefühl, das seine Phänomenalität erlangt hatte und sich allein tiefer hinabwühlt, mit langen körperlosen Händen vor sich tastend bis zu jenem geheimnissvollen Dunkel hinab, wo das lichtscheue, unterirdische Gewächs wuchert, wo aller Daseinschmerz ruht und die Angstgefühle aufgespeichert sind und die mystische Wollust des schauernden Entsetzens.

Und gerade hier, wo Ola Hansson die Nabelschnur gewonnen hatte und sich an ihr hinabgleiten lässt bis in die ersten Dämmerungszustände des menschlichen Hirnes, da alle Ganglien noch uncoordinirt neben einander liegen, wo jeder Eindruck sich selbst geniesst, wo jede Linie sich selbst wahrnimmt, jeder Ton um seine eigenen Zustände weiss, stellt sich als Begleiterscheinung dieser enormen Vertiefung jenes Gefühl ein.

Hier an der Grenze des Urwesens, an der Grenze des Zusammenhanges meines Ich mit dem All, an der Grenze, wo Irdisches und Transcendentales in einanderfliessen, hier in der weiten Ferne, wo das Meer in den Himmel übergeht, wenn die Sonne schon untergegangen ist in der Farbenorgie von verfliessendem, blassgoldenem Mollpurpur und tiefem nachdunkelndem Blau, liegt jene unheimliche Stimmung, die die alten Mystiker so gut kannten und die der Moderne Lebensangst genannt hatte.

Im Grunde sind beide auf das innigste verwandt, nur während dies Gefühl im Mittelalter zur visionären Ekstase wurde und im Gott und der Dreieinigkeit Gefühlsorgien feiert, wird es bei dem Modernen zu einem schleichenden Gespenst.

Dieses unbestimmte vage Gefühl, das an nichts gebunden ist, keinen Inhalt repräsentirt, das als Phänomen, losgelöst von jeglichem Zusammenhange mit den übrigen psychischen Zuständen, einem Irrlicht vergleichbar, in den Sümpfen und Abgründen der Seele herumirrt und auf das Verborgenste und Tiefste im Menschen seinen trüben Schein wirft, dieses Gefühl erschliesst uns weit besser die Psychologie des Modernen, wie kaum eine, selbst die feinste Analyse der bewussten Vorgänge.

Man kann denken, worüber man will, man kann anfangen was man will, im Hass und in der Liebe, im Wachen und Träumen, stellt es sich ein, ganz unmotivirt, zu allen Gefühlszuständen kann es sich hinzugesellen, einem Molekel vergleichbar, der mit einer enormen Affinität begabt ist und der in jede Verbindung eingehen kann.

Und wie in dem Zellkerne die chromatische Substanz sich in vielfach verschlungenen Schleifen windet, und seinen eigensten, wichtigsten Bestandteil bildet, wie sie sich dann zu Spindeln formt, wie diese durch Auseinanderrücken den Kern zerreissen, wie sich nun das Plasma der Zelle um diese Kerne sammelt, so wird auch dieses Gefühl zu dem seelenformenden Keim, um diese Lebensangst sammeln und gruppiren sich alle psychischen Zustände, in diese Sammellinse fällt alles Licht hinein, und was an zerstreutem Lichte hineingelangt, wird in diese Linse zurückreflectirt.

Daher die Zerrissenheit und die Schreckbildpsychosen des fin de siècle, die krankhafte Sehnsucht nach Befreiung und Erlösung, nach frischem Luftzuge und kühlender Abendruhe. —

Es kann Entwicklungsymptom und es kann Ende sein.

Es ist das Fieber, das das Zahnen bei den Kindern begleitet, die rheumatischen Zustände, die das Wachstum der Glieder bedingt, die tiefen somatischen Störungen, die sich in der Pubertätsperiode einstellen, es ist die Entwicklungspsychose, die das Flagellantentum auf dem Durchbruch in die Renaissanceperiode gezeitigt hat, aber es kann zur schleichenden Bleichsucht werden, zu einem irren maniakalischen Wahn, es kann in einen Gehirnsatanismus ausarten — was weiss ich!

Diese Lebensangst oder richtiger das formale Denkgefühl der Vertiefung, das sich als die schauerliche Angst äussert überall dort, wo der Geist an eine Schranke unserer Wissensmöglichkeit stösst, oder wo er mit einem Ignorabimus in Berührung kommt, in dem das Räthsel und das Geheimnis des Daseins ruht, dieses Gefühl, das Gegentheil von dem angenehmen formalen Denkgefühl, das sich leicht abwickelnde Associationsreihen begleitet und zur Quelle unendlichen Wohlbehagens wird, ist die Unterströmung, und der in allen Farben schillernde Untergrund Hanssonscher Produktion.

Es ist nicht ausgedrückt, aber es ist da als arrière-fond, als ein tiefer Purpuruntergrund, durch dessen Reflexe selbst die mattesten Farben gesättigt werden, als eine weite Tonfläche, die durch alle Melodien hindurchklingt und sie mit etwas unendlich Traurigem färbt.

Einmal hat er es in seiner Novellensammlung

„Sensitiva amorosa" mit unheimlicher Genialität dargestellt.

Es wird ein junger Mann geschildert, den diese Angst mitten in dem wildesten Liebestaumel befällt:

„Sie schlang seine Hände um ihn in dem brünstigen Aufschwunge des ganzen Urwesens eines Thierweibchens."

„Doch in diesem Augenblicke fühlte er in seinem Innern den ganzen, unaufgelösten, geheimnissvollen Schmerz des Daseins — darauf in der nächsten Sekunde sah er das Leben und die Welt, wie in einem Riesenpanorama vor sich liegen — und in einem Nu wurde das Ganze zu einem rauchenden Wasserwirbel in einer steilen Tiefe, in die sie und er zusammen hinein sollten und darauf plötzlich hatte er hinter sich das schleichende Gespenst der Angst."

III

Hansson ist der Sohn des Schonenschen Flachlandes, einer weiten Ebene, reizlos, primitiv, konturlos.

Wie weit das Auge reicht, fliessen die Konturen des Landes mit denen des Himmels in ein verschwommenes, trostlos Melancholisches über, das die Seele weich stimmt und sie in ein nachdenkliches Brüten versetzt. Es liegt etwas endlos Ruhiges, Tiefes in der ganzen Landschaft, es ist nichts da, das das Gehirn irgendwie affiziren und die ganz nach innen concentrirte Aufmerksamkeit ablenken könnte. Es ist etwas Verschlossenes in dieser Landschaft, Wortkarges, etwas, das man nur mit leiser Stimme nachsprechen könnte, weil es so tief und so fein ist. —

Und wenn die kalte Luft die Dämpfe der warmen Meeresoberfläche nicht auflösen kann, wenn sich diese als Nebelmassen ausscheiden, wenn sie mit dem Winde auf die Küste getrieben werden und sich hier über dem wärmeren Lande in einen feinen Sprühregen auflösen, in ein etwas, wofür Sprühregen schon zu viel gesagt ist, und das nur ein Zerschmelzen etwas Verdichteten, das Auftauen etwas Brütenden, Concentrirten, Erstarrten bedeutet, dann fühlt man, wie etwas Analoges sich in der Seele abspielt, wie sich etwas loslöst, Tropfen für Tropfen, eine Verbindung nach der anderen, man fühlt, wie sich diese Verbindungen als kleine Krystalle niederschlagen, in denen sich die ganze Welt als eine weite, schmerzliche Sehnsucht, ein in lautloses Weinen aufgelöster Schmerz wiederspiegelt.

Senken sich diese Nebelmassen auf das Land und wird es von ihnen in ein weiches, graues, feuchtes Gewand eingehüllt, dann bekommt die Landschaft etwas unsagbar Trauriges, Düsteres; mit dumpfer Schwere, ahnender Unruhe legt sie sich auf die Seele, der Blick ist wie eingeengt, er will hinaus und muss sich nach innen kehren. —

Dringen Sonnenstrahlen hindurch, so ist es nur wie das Lächeln eines Irren, der sich mit Mordgedanken trägt, bekommt man Stück Himmel zu sehen, so ist es, wie ein Fleck auf dem Gesichte des Schwindsüchtigen.

Für die Menschen, die diese Landschaft bewohnen, ist etwas bezeichnend, das ich öfters beobachten konnte.

Ihr Blick ist wie verschleiert, er sieht, ohne zu sehen, die Sehaxe ist in unendliche Weite gerichtet.

Dann ist es ein eigentümliches, lautloses Lächeln mit einem Mundwinkel, nur durch eine kleine Querfalte angedeutet. Es ist das Lächeln über etwas unaufgelöst Schmerzliches, dessen sich der Mensch nicht bewusst ist und das dennoch da ist — das Lächeln, das durch ein Missverhältnis zwischen dem, was ist und was sein sollte, hervorgerufen wird.

Was für diese Landschaft ganz besonders charakteristisch ist, das sind die merkwürdig stillen, hellen Sommernächte. Es ist als ob der ganze Weltmechanismus in einem tiefen Sinnen sich verloren hätte, in einem tiefen Nachdenken versunken wäre. — Und wenn sich Stimmen erheben, so verklingen sie nicht, sondern erstarren auf halbem Wege, als ob sie von einem Apparat getäubt wären, der Pigmentschicht im Auge vergleichbar, die alles durchfallende Licht tötet. Man fühlt etwas über sich, das nach Auflösung trachtet, etwas Gespanntes, Lauerndes, zum Sprunge Bereites, — und hinter sich spürt man etwas, das mit lautlosen Schritten heranschleicht, das schon da ist, dicht hinter dem Rücken; dreht man sich um, wird man dem Gespenst in das hohle Auge sehen.

Angst! Angst! Doch nicht die brutale Angst, wie sie Maupassant in seinem Horla schildert, wo der Mensch ganz naiv, ganz Rückenmark dem Gespenst gegenübersteht und sich nun mit wahnsinniger Verzweiflung seiner erwehren will, es ist wiederum Vertiefungsangst, man geht in dem Weltall unter, man ist sein eigener Zuschauer, man versinkt, fällt hinab von einer Welt zur anderen; Angst der schauerlichen Resignation, weil man sich ohnmächtig und wehrlos fühlt.

Und in dieser Tiefe, in der erst begreiflich

wird, wie der Mensch auf die Begriffe des Ewigen und Unendlichen kommen konnte, in dieser Ruhe, die den Menschen mit etwas Absolutem in Berührung bringt, in dieser endlosen Ausdehnung, die man nicht mehr nach Aussen proicirt, sondern sie als die subjektive Form seines eigenen Denkens empfindet, liegt so etwas Unheimliches, Ueberirdisches, Mystisches, — eine Zeit die vor der Zeit war, wie es in der indischen Philosophie heisst, als noch Logos allein da war, und das Hartmann'sche Prinzip des Unbewussten, bevor es sich in der Welt und dem Seienden objektivirte.

Dann sind es die Herbstnächte, in denen man das Brausen des Meeres hört, wie ein Etwas, das von einer anderen Welt kommt, von weiter Ferne, worauf man sich erst besinnen muss, was es ist, woher es kommt. Mitten in dem undurchdringlichen Nebel hört man dieses unentwirrbare monotone, langgezogene dumpfe Brausen wie eine Gehörshallucination, die nur aus einem Tone vom geringen Umfang besteht, aber dieser Umfang ist es, der die Grenzen absteckt, innerhalb deren sich alle Gefühle bewegen, alle geistigen Vorgänge abwickeln — wellenartig, auf und ab, hin und zurück, es ist ein Wiegen und Sinnen und Brüten, eine Erinnerung ohne Inhalt, eine Sehnsucht ohne Gegenstand. —

Und Ola Hansson ist der echte Sohn dieser freien, unbegrenzten Landschaft, dieser weiten Flächen, dieser Tiefe und Sammlung, dieser Verschlossenheit und Concentrirung. Er ist ganz das Weite und die Tiefe und das Innen. Stück für Stück finden wir Schonen in ihm wieder, es ist als ob jede Linie, jede Fläche die Nacht dieser Landschaft und ihr nebliger Tag sich in seine Seele eingeätzt und eingeritzt hätte, sich in ihr zu etwas Subjektivem und Bewusstem transformirte, und sein Geist nichts weiter, als der Geist dieser Landschaft wäre. — Kraft der Einrichtung des geistigen Mechanismus, dass ich die Vorgänge im Aussen nur an meiner inneren Eindrucksreihe wahrnehme, dass ich nichts empfinde als nur Vorgänge in meinem Inneren, als die Schwingungen meiner Nerven und das Verhältnis vom Nerven zum Muskel, kraft der Einrichtung meiner Wahrnehmungsapparate, in denen sich die äussere Causalität in eine innere übersetzt, die nichts mit der ersteren zu thun hat, kraft der grossen Thatsache, dass ich jeden Vorgang im Aussen, mit inneren Zuständen begleiten muss, und wenn einer fällt, muss ich innerlich mitfallen, und wenn ich Jemanden sprechen höre, so spreche ich innerlich das Gehörte nach, kraft nun dieses psychologischen Grundgesetzes stellen sich bei allen Vorgängen in der Natur entsprechende

Begleitzustände in meinem Gehirn ein, wiederholen sich die ersteren, so werden sich auch die letzteren wiederholen, bis schliesslich die Nerven auf eine bestimmte Gefühlsrichtung eingeübt sind, bis sie nur in den Grenzen, die durch das Brausen des Meeres, durch die Ausdehnung des Landes, durch den mystischen Zauber der Sommernacht vorgezeichnet sind, in Vibration geraten, bis sich, kurz gesagt, eine bestimmte Fähigkeit zu empfinden, consolidirt haben wird.

Das ist das Gesetz der sympathischen Färbung, wonach die Seewasserthiere crystallartig, durchsichtig gefärbt sind, Wüstenthiere die Farbe der Wüste annehmen, und Vögel der Schneeregionen weiss gefärbt sind.

Das ist das Gesetz der Mimicry, wonach sich die Nachahmung nicht nur auf Farbe, sondern auch auf Gestalt und Formen ausdehnt, wonach ein Schmetterling die Blattform annehmen und in seiner Zeichnung mit der Blattnervatur übereinstimmen kann.

Sympathische Färbung und Mimicry auf den Geist übertragen.

So wird der Irismuskel des Schonen für das Weite angepasst und das Auge wird für das Weite eingestellt, daher schon äusserlich dieser tiefe, gleichsam verschleierte Blick.

So wird das Atmen bei dem ewigen Nebel dem Schonen erschwert, die Stimme wird eingeklemmt, die motorische Energie der Eindrücke wird bei der schweren, lastenden Athmosphäre auf das Minimum reducirt, die Reizlosigkeit der Gegend bietet keine Veranlassung zu raschen wechselnden Reflexen und zur gelenken Beweglichkeit, daher die Wortkargheit und die Verschlossenheit und der engbrüstige, feine Ton seiner Sprache.

Und dieses fortwährende Accomodationsgefühl der Augen und des Gehörorgans auf das Weite, die Anpassung des ganzen Organismus an das Klima, die ihren Ausdruck in der totalen Einkehr in sich findet, hat sich in dem Gehirne des tiefsten und verfeinertesten Schonen, dem höchsten und letzten Ausdruck des Schonenlandes, — Ola Hansson in eine ähnliche Gehirnarbeit umgesetzt, das Suchen nach einem weiten, umfassenden Standpunkt, nach etwas Tiefem, das hinter jedem Problem steckt, nach dem Feinsten und Sprödesten im Menschen.

So ungefähr denke ich mir die Umsetzung der peripheren Eindrücke in eine ähnliche centrale Arbeit. —

Uebrigens, was wissen wir, wie bei der Lösung eines Problems unsere Augenmuskeln bethätigt sind, wie ihr Spiel ein Problem hervorrufen kann, wie eine zufällige, irradirte Geruchshallucination, ein Ton, eine Farbe unser Denken anregt, ja, dasselbe direkt bedingt?

Was wissen wir, womit sich der Geruch der frischen Saaten, der Geruch der Rapsfelder, wenn sie im Frühlinge mit den feinen, gelben Blüthen aufblühen, wenn in der Luft über denselben ganze Bienenschwärme schwirren, womit das Concert der Froschstimmen in der Stille der Sommernacht sich associirt, welche Gedankenverbindungen und unlösbare Verkettungen durch die riesigen Schatten, die ein Mensch in den hellen Nächten wirft, in seiner Seele zu Stande kommen?

Was wissen wir von allen diesen Vorgängen, die der nervösen Veranlagung gemäss verarbeitet werden und unsere Individualität bilden, sie abgrenzen, den Reizumfang abstecken, innerhalb dessen man zu empfinden vermag?

Aber gerade hier auf diesem Gebiete bewegt sich die ganze Hanssonsche Dichtung, er ist der Pfadfinder in der Wildnis, die Feuersäule in der Nacht der Wüste, an Hansson wird die Rassenpsychologie anknüpfen, um das Geheimnis der Rassenverschiedenheiten zu studieren, von seinen Werken wird die künftige Psychologie der Gemütsstimmungen Nahrung schöpfen, um die eigentümliche Färbung und den eigenen Klang des Temperamentes, der Leidenschaft und Alles dessen, worin sich der Mensch äussert, zu erklären, und ganz besonders die Geschlechtspsychologie, die er, als der Erste und Einzige, geschaffen, thatsächlich geschaffen hat. —

IV

Die Landschaft, nichts als Landschaft ist Hanssons psychisches Leben und dieser subjektiven Umprägung muss naturgemäss physiologisch ein Nervensystem entsprechen, so fein, so unglaublich differenzirt, so anspruchs- und aufnahmefähig, dass jeder Eindruck, auf den eine gewöhnliche nervöse Organisirung nicht reagirt, sich hier in Schwingungen transformirt, anfangs leise, kaum wahrnehmbar, dann stärker und nachhaltiger, bis das ganze Gehirn in Vibration gerät.

Und hier beschäftigt den Psychologen nicht mehr die Persönlichkeit Hanssons, auch nicht seine schriftstellerische Thätigkeit, sondern Hansson als ein Phänomen, als ein biologisches Problem, als das Produkt einer Differenzirung, die ihre Schatten weit in die Zukunft wirft, als der „nouveau ésprit", der in Poe angedeutet und in Hansson mit distincter Schärfe ausgeprägt erscheint.

Hier zum ersten Male, das Gehirn, in dem das Animale und Intellektuelle in einander greifen, innig verschmolzen sind, in welches jeder Eindruck nicht nackt hineingelangt, sondern wie eine riesige Coelenterate, die sich mit tausend Fangarmen an dem Gehirninhalte festsaugt, wie ein Ton, bei dem ausser dem Grundtone unzählige, harmonische Obertöne mitschwingen. Und diese Bethätigung des ganzen Gehirninhaltes an einem Eindrucke, dieses Mitschwingen von Obertönen bilden das Eigentümliche, das man beim Tone Klangfarbe nennt und das dem Worte Hanssons Herzenswärme und affektive Ausstrahlung verleiht.

Jedes seiner Worte ist wie ein pulsirender, atmender Organismus, umspült vom warmen Blut, eingebettet in den warmen Hüllen des Tiefsten und Innerlichsten, was der Mensch besitzt, jedes seiner Worte ist wie ein herausgeschnittenes, lebendes Herz, das man auf der Hand hält, das zittert und bebt und zuckt, oder wie eine unendlich weiche Athmosphäre, in die man sich einhüllen kann, und die man wie das nackte, duftende Frühlingsfleisch eines halbwachen Mädchens auf seine Nerven wirken fühlt. — Es wird aber auch zu einem scharfen Meissel, der unvergängliche Zeichen in die Seele einritzt, zu einer zersetzenden Säure, die ätzt und beizt, zu einem körper- und wesenlosen Gespenst, das sich langsam an dem Rückenmarke hinabwühlt und über das Bewusste tiefe schwarze Schatten wirft, bis die Nacht heraufsteigt und die Sterne winzig klein und glanzlos, wie mattes Gold, werden, bis die Welt um einen so fürchterlich eng wird, dass der Athem sich über die Brust legt, wie eine schwüle Luftmasse, wie ein schweres Gewicht.

Diese enorme Suggestionsfähigkeit des Hanssonschen Wortes, die Fähigkeit eine Stimmung hervorzurufen, wie kein Schriftsteller es vor ihm im Stande war, diese Verschmelzung von Intellekt und Organismus ist eine anticipirte Entwicklungsstufe, die die Menschheit erst später betreten wird.

Ich denke mir die ganze Entwicklung und den historischen Zusammenhang folgendermassen.

Der Urmensch, dessen Gehirn noch unentwickelt war und unfähig, aufgenommene Eindrücke aufzubewahren, was eben die ganze Funktion des Bewusstseins ausmacht, reagirte auf alle Eindrücke ganz reflexiv und automatisch. Auf jeden sensiblen Eindruck antwortete sofort ein motorischer Ausschlag, er war nichts mehr als reine Individualität, reines Rückenmark, Reflex und Instinct.

Allmählich fingen die Eindrücke bewusst zu werden, sich nach und nach zu consolidiren, zwischen die Aufnahme und die Auslösung eines Eindruckes schob sich eine beträchtliche physiologische Zeit hinein, Stück für Stück bildete sich die Bewusstseinskette, der Mensch lernte kombiniren und vergleichen, ein Eindruck fügte sich an den anderen, es bildeten sich Associationsreihen und der Mensch fing an Persönlichkeit zu werden.

Was jedoch dieser Entwicklung eigentümlich ist, das ist die unabhängige Parallelität, völliges Getrenntsein von Individualität und Persönlichkeit. Jeder Eindruck, der von den objektiven Sinnen, dem Auge, dem Gehör empfangen wurde, blieb einfach ein Gesichtseindruck, ein Ton, eine Tastempfindung und nichts weiter.

Freilich war diese Trennung im Sinne der fortschreitenden Entwicklung notwendig, das menschliche Gehirn war noch nicht fähig, affectiv auf jeden Eindruck zu antworten, diesem intensen Leben war der Organismus noch nicht angepasst, er würde zu Grunde gehen.

Und diese Trennung in seiner reinen Form kann man noch beim Weibe studiren. Bekanntlich hat das Weib kein Gehirn nötig, und wo es dasselbe gebraucht, so steht es mit seiner Individualität im schroffsten Gegensatze zu seiner Hirnarbeit. Gewöhnlich ist dann auch so, dass die Individualität beim Weibe herrlich ist, dagegen die Persönlichkeit nichts taugt oder auch umgekehrt. Aeusserst selten ist eine Uebereinstimmung da, freilich völlig unabhängig und getrennt, jedes auf eigene Faust, die Uebereinstimmung nur ein Zufall.

Im Laufe der Entwicklung fing die Individualität an, in die Persönlichkeit einzugreifen und zwar überall da, wo es im Sinne der weiteren Differenzirung geboten war. So wurde die Liebe, die ursprünglich nur ein instinctiver Trieb war, der nach Befriedigung lechzte, einfach nur das autonome Geschlecht mit den wachsenden und reifenden Spermatocyten und den nervösen Begleitzuständen dieser Wachstumsvorgänge, zu einem Etwas, woran sich die im Gehirne aufgespeicherten Eindrücke zu beteiligen anfingen, dann war es das Vaterland, die Familie, die Religion und die Natur, also nur die Fortpflanzungs- und Selbsterhaltungsgefühle. Ohne diese psychische Umwertung und Mitarbeiterschaft des Gehirnes wäre eine fortschreitende Differenzirung nicht möglich.

Darüber hinaus ist der Mensch bis in unser Jahrhundert hinein nicht gekommen.

Was für die klassische Dichtung ganz eigentümlich ist, das ist das Verstandesmässige ihrer Production, es wurden nur geordnete Associationsreihen in rhytmischer Form repräsentirt, das Poetische beschränkt sich nur auf die rein formalen Denkgefühle, den Rhythmus, die Proportion und Harmonie. Ola Hansson selbst hat das

Verhältnis der modernen Dichtung zur klassischen in seinen zwei kritischen Aufsätzen*) ganz trefflich ausgeführt.

Das ist auch das Gehirn des wissenschaftlichen, politischen und industriellen Mannes, freilich nur noch um ein Grad ärmer, weil es nicht einmal diese positiven Gefühlstöne zu produciren vermag.

Alles nur viertel und halbe Gehirne, denen wir allerdings unsere Cultur verdanken. Freilich ist das nicht viel.

Deshalb wird diese Cultur, diese alte, zopfige, klassische Cultur überwunden, wie die letzten Ausläufer des halben Gehirnes: der Spencer'sche Positivismus und der höhere photographische Apparat, der objektive Naturalist, überwunden werden.

Und nun ist der neue Geist da und Hansson ist sein Träger, er ist der ausgeprägteste und differenzirteste Typus eines Untrennbaren, Einzigen, Unteilbaren, eines wahren Individuums.

Persönlichkeit und Individualität sind eins geworden, was an Eindrücken ins Gehirn hineingelangt, wird organisch, individuell, affectiv und lebenswarm. Der Umfang des Bewusstseins ist so enorm geworden, dass die flüchtigsten Vorgänge festgehalten werden kraft ihrer kolossalen Beziehungen zu anderen in der Sprache über-

---

*) „Materialismus in der Litteratur" und Beitrag in der Psychologie der Suggestion von Schmidkunz.

setzbaren Eindrücken; ein ganz schwach leuchtender Punkt bricht sich in tausend spiegelnden Ebenen, irgend ein schwacher harmonischer Oberton lässt alle zugehörigen Grundtöne erklingen und ein zerstreuter, irrender Lichtstrahl lässt sich bis zur Lichtquelle verfolgen.

Der frühere Mensch lebte mit zwei Herzen, die Verwachsung beider Herzbeuteln hatte nur morphologische Bedeutung, psychisch waren sie beide getrennt.

Das moderne Individuum fängt an nur mit einem Herzen zu leben, der Verstand bekommt Klangfarbe und organische Resonanz, und irgend ein affektiver Eindruck wird zu einer Vision.

Der frühere Mensch arbeitete mit Ideenassociationen, wie sie sich nackt und klar an einander reihten, er arbeitete mit „Dingen", die er als etwas Objektives ansah, unter der falschen Voraussetzung, dass das Aussen und Innen sich vollständig decken, dass das centrale Bild von der Natur eins sei mit der Natur selbst.

Der neue Mensch arbeitet nur mit centralen Gefühlseindrücken und mit Ideen, wie sie sich mit ihren Gefühlswerten associirt haben.

Der alte Mensch producirte Dinge, der neue producirt seinen jeweiligen Gehirnzustand, jener brachte die Dinge, wie sie nach und nach, reihenweise eins nach dem anderen geordnet ins Gehirn kamen, dieser bringt Gefühle, mit denen sich diese Dinge verknüpft haben und die Associationen dieser Gefühle.

Daher das Klare, Verstandesmässige, Construirte, „Klassische" der alten Dichtung, und daher das Ungeordnete, Traum- und Sprunghafte (— „Pathologische" nennt es das halbe Gehirn —) der Hanssonschen Produktion.

In dem alten Gehirne associirte sich der Ton nur immer mit dem Tone, in dem neuen Geiste ruft der Ton Farben hervor, ein Ton kann das ganze Leben in unermesslicher Perspektive hervorzaubern, eine Farbe kann zu einem Concerte werden und ein Gesichtseindruck kann schauerliche Orgien auf dem Grunde der Seele hervorrufen.

Und wie die Sonnenstrahlen sich durch die Athmosphäre fortpflanzen, ohne sie zu erwärmen und erst die Erde erreichen müssen, damit Licht in Wärme umgesetzt und von der Erde aus die Luft erwärmt werde, so pflanzt sich ein Eindruck bis zu dem Mutterboden des neuen Menschen, bis zu den Tiefen, in welchen seine Individualität ruht, fort, um in Schwingungen übersetzt, in die Persönlichkeit zurückzugreifen und hier Verbindungen mit bewussten Eindrücken einzugehen.

Und während früher alle diese feinen Eindrücke von der Individualität festgehalten wurden und nur höchstens in pathologischen Fällen zum Vorschein kamen, werden sie in dem neuen

Geiste ausgedünstet, dem Dampfe vergleichbar, der als weiter Dunstkreis sich in der Luft über der Erde ausbreitet um hier von der Atmosphäre aufgesogen zu werden.

So wird Alles bewusst, alle die feinen und feinsten Schwingungen, von denen man bis jetzt nur durch die Psychiatrie Aufschluss bekam, pflanzen sich bis zur Grosshirnrinde zurück, wo sie durch analoge, bewusste Vorgänge übersetzt werden, sie werden von dem Mutterboden des Menschen reflectirt und von ihm bekommen sie den eigentümlichen Geruch, die eigentümliche Wärme und Farbe, die ein reflectirter Sonnenstrahl von dem Boden der Erde empfängt.

Es ist etwas in dem neuen Gehirne, das mir von höchster Wichtigkeit erscheint und das ich schon wiederholt angedeutet habe.

Die Eindrücke associiren sich mit einander nicht nach ihrem inhaltlichen und gegenständlichen Werte, sondern nach dem Gefühlswerte, den sie repräsentiren.

Zwei inhaltlich verschiedene Eindrücke können denselben Gefühlswert haben, können auf dem Boden der Individualität gleiche Resonanz finden, und dann kann es kommen, dass die Stirn eines Mädchens sich mit einer Landschaft associirt, die am tiefsten auf die Seele einwirkte, dass der Blick der Geliebten eine „taumelnde Orgie" hervorruft, „einen grässlichen Totentanz von schlottrigen männlichen Totengerippen und nackten Jordaenschen Frauenkörpern"*).

Hierin ruht das Geheimnis des weitaus tiefsten und am schlechtesten verstandenen Buches von Nietzsche: „Also sprach Zarathustra" und hierin liegt das grosse Geheimnis der Hanssonschen Produktionsweise.

Aus der synthetischen Verschmelzung zweier Associationsweisen, der wissenschaftlichen, die Inhalte an einander fügt, und der modernen die Dinge nach ihren Gefühlswerten associirt, erklärt sich die Forderung, die Hansson an die Dichtung stellt**), sie solle psychophysiologisch werden, sie solle die Persönlichkeit, wie sie sich in der Individualität wiederspiegelt, das Persönliche durchsättigt vom Individuellen, zur Darstellung bringen, einen Gesichtseindruck durch seine organische Resonanz, ein Ding durch die Stimmung, welche es erzeugt, einen Aussenvorgang durch den Gehirnvorgang übersetzen. —

Daher ist die Kunst Hanssons eine symbolische, die einzige, die diesen Namen voll und ganz verdient.

Symbolismus, das ist ein Stück Natur, transformirt in Nervenschwingungen, ein Stück Natur das sich nicht auf einen Gesichts-, einen Gehörseindruck, eine tactile Sensation beschränkt, son-

---
*) Sensitiva amorosa.
**) Kritik. Freie Bühne, Heft I, 3 Jahrg.

dern ein Eindruck, der bis in den Knotenpunkt aller Sinne herabfliesst, um von hier aus das ganze Gehirn in Vibration zu versetzen.

Symbolismus das ist eine affektive Schwingung, die sich in Farben kleidet, in Töne einhüllt, Geschmackshallucinationen in Scene setzt, auf die sexuelle Sphäre herüberströmt oder als nervöses Schütteln, ein Erbeben und Erzittern des ganzen Seins sich äussert und sich motorisch in Toncorrelate umsetzt.

Symbolismus das ist das Weib, das zu einer geschwungenen Linie wird *), das Weib das sich in die Formen der Landschaft kleidet, und zum Geiste dieser Landschaft wird, zum Geiste, in welchem sich diese letztere objektivirt **).

Und diese grosse, makrokosmische, symbolische Dichtung ist die Novellensammlung: „Sensitiva amorosa."

Sie ist der feinste, tiefste, intimste Ausdruck des neuen Geistes, der grossen Synthese, der känogenetischen Entwicklungsstufe: Ola Hansson.

In ihr gipfelt die grosse Kunst Hanssons, sie ist der Objektpunkt, in welchem die homocentrischen Strahlenbündel, die sein Wesen ausstrahlt, sich sämmtlich treffen, und nur aus diesem eigentümlichen Geiste heraus kann sie gewürdigt und verstanden werden. —

---

*) Heimlos — Parias.
**) Sensitiva amorosa.

V

Wo ich in dem ersten Abschnitte, als ich über Parias sprach aufhörte, setze ich hier wiederum ein.

Es ist derselbe Boden, auf dem sich auch die „Sensitiva" abspielt, dieselbe Tiefe und Unterbewufstsein.

Und während Ola Hansson in den „Parias" das Ich-Bewusstsein schilderte und sich alles Leben im Unbewussten abwickeln liess, zeigt er in der Sensitiva das Geschlechtsleben, das nur im Unbewussten, aufwachsen und gedeihen kann.

Und wie er in den Parias zeigte, dass das Ich im Leben nur etwas Accidentelles sei, das jeden Augenblick verloren gehen kann, zeigt er hier, wie das Ich in dem Geschlechtsleben absolut keine Rolle spiele, wie Alles unter dem Ich, nichts im Ich geschehe.

Und warum liebe ich das Weib?

Jede Linie, in die sich sein Körper ewig neu kleidet, der Teint seines Gesichtes, das Timbre seiner Stimme, der Geruch, den sein Körper ausströmt, das sind Linien, Farben und Gerüche, die mit meinem innersten organischen Sein auf das innigste verwachsen sind, und in denen mein Wesen seinen höchsten potenzirtesten Ausdruck gefunden hat. Das Weib, das diese feinsten und tiefsten Saiten meines Seins anschlägt, schleicht sich ohne Widerrede in mein Gehirn hinein, und ich liebe es mit dem tiefen unbedingten Zustimmungsgefühl, mit dem ich das Land, das meine Seele geformt, liebe.

Ich liebe in dem Weibe mich, mein auf das Höchste gesteigertes Ich; meine zerbröckelten in allen Ecken des Gehirnes schlummernden Zustände, in denen das innerste Geheimnis meines Wesens ruht, haben sich um dieses Weib geordnet und concentrirt wie Eisenspäne um einen Magneten, alle diese Dinge, von denen in meinen sonstigen Bewusstseinszuständen höchstens nur das eine oder das andere als ein constituirendes Element eintrat, sind nun gleichzeitig versammelt, wie in einem Brennspiegel concentrirt, alle die Eindrücke, die das gleiche Maass höchsten Lustgefühles repräsentiren, werden aneinander gefügt, gleichwie durch die Isothermen und Isobaren, alle Punkte gleicher Wärme und gleichen Athmosphärendruckes verbunden werden: und ich liebe das Weib, das diese Concentration in mir hervorgebracht hatte, ich liebe die Isobare und Isotherme meiner höchsten und tiefsten Lustgefühle.

Dass ich gerade dieses Weib liebe, das ist nur die Frage meiner organischen Constitution, es ist die Frage, bis zu welchem Grade ich Formen geniessen kann, ohne dass sich in die Bewegung meiner Augmuskeln auch nur das leiseste Unlustgefühl einschleicht, bis zu welchem Grade ich die Bewegungen des geliebten Weibes innerlich nachmachen kann, ohne dass diese Innervationsgefühle das höchst zulässige Lustmass überschreiten, es ist die grosse Frage bis zu welchem Grade ich fähig bin seelische Zustände noch als Lustgefühle zu perzipiren — und dieses „noch" ist die höchste, intenseste Spitze derselben.

Das Tiefste und Innerste meines Wesens ist die eine Seite des Bildes, das das Weib in mir entwirft, die unbewussten Gefühle der höchsten Zweckmässigkeit, des höchsten Maasses des mir Zukommenden ist die andere Seite.

Und das Weib, das ich liebe, das bin Ich, mein intimstes, innerstes Ich, mein Ich als arrière-fond, als entlegenster Hintergrund, Ich aus der Vogelperspektive, Ich, der Objektpunkt einer spiegelnden Ebene.

Innerhalb des ganzen Reizumfanges, innerhalb dessen ich Gefühle als Lustgefühle empfinde, ist ein engerer Umfang enthalten, in dem sich Alles als das höchste Lustgefühl präsentirt. Und dass das Weib in diesen engeren Umfang mit allem, was es constituirt, hineinpasst, dass es sich mit diesen intensesten Lustgefühlen deckt, deshalb liebe ich es als das Totalitätsbild alles dessen, das mir das höchste Glück bereitet, als ein inniges Ineinandersein, was vom Tiefsten und Glückseligsten in mir enthalten ist.

Und so ist das Weib mein Kraftmaass, der Wertmaassstab meiner Glückseligkeitsempfindungen.

Hinter diesem engeren Reizumfange ruht das Männchen, meine ganze Sexualsphäre mit der alle diese Zustände, welche am innigsten meinen Organismus repräsentiren und den innersten Ausfluss meiner organischen Veranlagung bedeuten, unlösbar und untrennbar verschmolzen sind.

Hier in diesem Reizumfange ruhen die vererbten Formenschätze, Gerüche und Töne, die in meinen frühesten Lebensjahren erworben wurden und deren Beziehungen zu meinem Geschlechte von vornherein in meinem Gehirne präformirt waren, so dass bei einem peripheren Reize ohne Weiteres das centrale correlative Bild hervorgerufen wird und umgekehrt, und hier wächst das eigentümliche Kraut, das Hansson „Sensitiva amorosa" genannt hat.

Hier in diesem Umfange liegt auch das Fatale an der Liebe, dass sich nämlich Alles auf der Grenze bewegt, wo das intenseste Lustgefühl aufhört und Mifsbehagen ansetzt; Alles auf der Messerschneide, wo Glück und Unglück unmittelbar angrenzen. Hier noch Glück und Freude und Leidenschaft, draussen Ekel, nichts als Ekel, Verzweiflung und Schmerz.

Dieser Umfang ist wie ein Gefäss übervoll

von Flüssigkeit, die das leiseste Erzittern überfliessen lässt, wie ein Dampfkessel bei übermässigem Drucke, den ein paar molekulare Anstösse mehr zersprengen werden, wie eine mit Elektricität überladene Messingkugel, die sich bei Zusatz von vielleicht nur einer Elektricitätseinheit entladen wird.

Und wie das Gefäss überfliesst, wie der Dampfkessel berstet, wie in die festgeschlossene Concentration der Glücks- und Liebesempfindungen zufällig ein Eindruck gelangt, der das Geschlossene zerreisst, die Isobaren nach anderen Punkten wegrückt, all das, was das geliebte Weib am Angenehmen ausstrahlt, schief fallen, vorbeifallen oder Ekel hervorrufen lässt, wie die aufgethürmte Bergkette vom Glück einsinkt, in unermessliche Gründe einstürzt, und alle die Steine ins Rollen kommen, die früher den Gipfel bezeichneten, das schildert Ola Hansson in seiner Sensitiva.

Und wie das Weib sich vor seinem Geliebten zu ekeln anfängt, weil es in seinem Gesichte plötzlich eine fatale Aehnlichkeit mit dem aufgedunsenen, widrigen Antlitz seines Vaters entdeckt, wie ein Mann sein geliebtes Mädchen verabscheut, weil er in ihm das lose und widerwärtig Hängende, das er an einer Kindesmörderin sah, wiederfindet, wie ein Mann sich wahnsinnig in ein Weib verliebt, weil ihr thränender Blick „seine Wollust so unendlich fein und so ängstlich spröde machte, dass sie zum Schmerze wurde", wie er sich qualvoll nach diesem Blicke sehnt, das ist der Inhalt dieses Buches. — Nichts von dem, was Hansson geschrieben hat, illustrirt so evident den neuen Geist, wie Sensitiva. In keinem seiner Werke hat er die Sonde tiefer in seine Psyche hineingesteckt. Was er schildert ist nur immer er selbst, in allen diesen Novellen ist nur immer ein und derselbe Typus, dieser so ungeheuer complicirte und daher so fatal leicht zersetzbare Geist. Es ist nicht ein Augenblick vom statischen Gleichgewichte da, es ist die personificirte Instabillität, ein ewiges Wogen und Rollen, ein ewiges Kanten und Verschieben, ein ewiges An- und Abschwellen, ewiges Hin und Zurück, wie das Meer, das seinen Reizumfang gebildet und geformt hat.

Und so ist dieser Geist auch in der Liebe. — Kaum ist die Concentration von alledem, was an Glücksgefühlen im latenten Zustande in ihm ruhte, zu Stande gekommen, so ist auch schon diese Potenzirung des Ich über das höchst zulässige Lustmaass hinausgediehen, der Mensch hört auf, sein eigen zu sein, er verliert das Gleichgewicht und geht zu Grunde.

Und jedes Wort durchsättigt von einem so

intensen Schmerze, dass dieser aufhört, Schmerz zu sein; es ist die resignirte, hohläugige, gespenstische Verzweiflung, es ist der brutalphysische Schmerz, denn dahinter leidet, zuckt und windet sich das auflösende Männchen: Das ist der Schmerz der zersprengten und zersplitterten Geschlechtsgefühle, die nur in engster Concentration, in stetiger Potenzirung, in ewiger Summirung bis zu den höchsten Grenzen hinauf Lust bereiten.

Und hinter Allem, hinter dem Männchen und der potenzirten Psyche das sehnsüchtige, irre Sinnen der öden, weiten Landstrecken, die brütende Starre der Sommernächte, die schwüle Spannung der über der Erde gelagerten Nebelmassen, das dumpfe Brausen des Meeres und sein ewiges Wogen.

Daher die spröde Empfindlichkeit, die enorme Reinheit mitten in dem Verderbnis und die kranke Keuschheit, mit der Alles, was nur einen Schein vom Unreinen an sich hat, als etwas ungeheuer Widriges und Ekelhaftes zurückgestossen wird.

Was an dem Werke von einer unermesslichen Bedeutuug ist, das ist die Psychologie des neuen Geistes in seiner feinsten und intimsten Struktur.

Der neue Geist auf dem Grunde des idealistischen Kriticismus und seiner Lehren, dass Alles, was da ist, nur central in meinem Kopfe vorhanden ist, dass ich selbst nur meine Vorstellung bin, dass ich eine Welt völlig abgeschlossen, völlig einsame Welt bin, zu der es keine Brücken, keine Zugänge giebt, dass ich nichts empfinde ausser meinen seelischen Zuständen, nichts sehe als nur meine centralen Bilder, nichts höre als centrale Tonkomplexe, dass meine ganze Causalität sich nur aus meinen seelischen Verhältnissen und Empfindungen zusammensetzt.

Und gerade diese innere Causalität ist in Hansson bis zu den unmöglichsten Grenzen entwickelt.

In ihm bildet sich die Welt als ein Continuum ab. Aus dem Fluss der Erscheinungen werden nicht einzelne Punkte herausgegriffen und festgenagelt, wie es der Mensch noch heutzutage thut, die alsdann als „Dinge", „Grenzen", „Gegensätze", „Widersprüche" beschrieben werden, sondern der Fluss wickelt sich ohne Unterbrechung ab.

Für den neuen Geist giebt es keine Gegensätze, keine Widersprüche, weil sich Alles als eine ununterbrochene Kette von fortwährend wechselnden, in allen Farben und Lichtern schillernden und auf das innigste zusammenhängenden Gefühlszuständen seinem Geiste präsentirt, weil es keine Schwingung giebt, die sich nicht in Nervenschwingung und bewusste Gehirnvibration übersetzte.

Daher das Grenzen- und Uferlose im Hansson. Er macht zwischen Normalem und Pathologischem keinen Unterschied, weil er alle die feinen und feinsten Zwischenstufen zwischen beiden durchlaufen kann und beide, für das halbe Gehirn gegensätzlichen Punkte, für ihn auf einer einzigen Entwicklungslinie gelagert sind, auf einer Linie, die er von Anfang bis zu Ende verfolgen, auf ihr continuirlich das Auge abgleiten lassen kann. Und diese Continuität der Erscheinungen, die durch den enormen Umfang des Bewusstseins sich in eine Continuität der inneren Causalität übersetzt, ist der wesentlichste Gegensatz zu dem herrschenden Herdentiergehirn.

Daher auch die Unmöglichkeit für Hansson, eine Resonanz zu finden. Er ist Luxusproducent in dem Sinne, wie die Thätigkeit der Geschlechtsdrüse, die die wichtigste und edelste Funktion verrichtet, im tierischen Haushalte eigentlich nur eine Luxusproduktion darstellt, die sobald es nur geht, wieder eingestellt wird.

In einer Zeit, wo der Europäer noch nicht so weit gekommen ist, um über die Widersprüche seiner geistigen Einrichtung hinauszukommen, um Aussen und Innen, Dinge und seelische Zustände streng auseinander zu halten, und über die letzteren die ersteren zu vergessen, wo Alles nur in Hinsicht auf die Folgen gewertet wird, und je nachdem es praktisch, die Erkenntnis fördernd, und zweckmässig ist, „gut", „normal", — oder schädlich und unpraktisch und dann „schlecht" und „pathologisch" genannt wird, kann eine so aristokratische und hoch differenzirte Persönlichkeit, wie die Hanssonsche, die sich nicht um die Folgen kümmert, sondern Phänomene in ihrer Continuität schildert, ohne Rücksicht auf den praktischen und moralischen Wertmaassstab, nicht verstanden werden.

Und so bin ich mit meiner Untersuchung zu Ende gekommen. —

Ich habe den grössten Teil der schriftstellerischen Thätigkeit Hanssons nicht berücksichtigt, ich habe das für die Psychologie des Geschlechtes so ungemein wichtige Werk: „Alltagsfrauen", seine ausserordentlich feinen Kritiken nicht erwähnt, — aber das Alles lag nicht im Rahmen meiner Arbeit.

Die Psychologie des neuen Geistes wollte ich geben, das Hüben und Drüben, das grosse jenseitige Ufer der menschlichen Entwicklung, die einsame Insel, die auf dem Ocean aufgewachsen ist und mit der sich einst unser Continent vereinigen wird. —

Berlin, Mai 1892.